职业教育校企合作"互联网+"新形态教材

智能装备控制技术

主　　编　蔡建聪

参　　编　马定中　黄小静　吕思铭

　　　　　黄壮弟　简伟炳　冶志轩　廖　淳

主　　审　李宗凡

机械工业出版社

本书根据职业岗位工作任务，基于"岗课赛证"融通理念，与相关1+X职业技能等级证书、技能竞赛有机融合；合理选取教学内容，以职业能力培养为目标，优化整合课程教学内容。本书内容融合电子技术、自动控制、检测传感技术、机械技术等多学科知识，遴选智能化生产线中典型的智能送料、智能输送、智能分拣、智能仓储、AGV、智能拆解搬运、搬运机械手等模块组成智能装备控制系统，培养学生识图、安装、编程、调试的综合职业能力。

本书适合作为职业院校机电设备类、自动化类、电子信息类及计算机类相关专业课程的教材，也可作为相关课程的培训教材。

为方便教学，本书配套立体化教学资源，包括电子课件、电子教案及视频文件等，凡选用本书作为授课教材的教师可以登录 www.cmpedu.com 注册并免费下载。

图书在版编目（CIP）数据

智能装备控制技术 / 蔡建聪主编 . -- 北京： 机械工业出版社，2024. 11. --（职业教育校企合作"互联网+"新形态教材）. -- ISBN 978-7-111-77110-4

Ⅰ. TP273

中国国家版本馆 CIP 数据核字第 2024VS8620 号

机械工业出版社（北京市百万庄大街 22 号　邮政编码 100037）

策划编辑：赵红梅　　　　　　　　责任编辑：赵红梅　王　荣
责任校对：郑　雪　王　延　　　　封面设计：王　旭
责任印制：邓　博

北京盛通数码印刷有限公司印刷

2024 年 12 月第 1 版第 1 次印刷

210mm×285mm · 17 印张 · 464 千字

标准书号：ISBN 978-7-111-77110-4

定价：55.00 元

电话服务　　　　　　　　　　网络服务

客服电话：010-88361066　　机　工　官　网：www.cmpbook.com

　　　　　010-88379833　　机　工　官　博：weibo.com/cmp1952

　　　　　010-68326294　　金　书　网：www.golden-book.com

封底无防伪标均为盗版　　机工教育服务网：www.cmpedu.com

前言

PREFACE

随着中国智能制造的快速发展，先进装备制造业产业链关键岗位急需高素质复合型技术技能人才，目前智能装备的控制，已不仅仅通过某单一技术就能完成，往往需要多种控制系统的相互配合，综合应用才能实现。"智能装备控制技术"课程通过理实一体项目教学，突出实践能力、职业能力、职业素养的培养，具有"创新复合型人才培养"的鲜明职教特色。该课程是实现由电子技术向高度集成及智能控制发展的一门课程，安排在电工电子技术、电子制作、单片机、可编程控制器（PLC）等专业课程之后，需要有一定的理论知识与实操技能，以及综合应用电子技术知识的能力。学生通过该课程的学习，可更进一步使电子技术应用贴近于工作，贴近于职业，为以后服务先进制造业升级改造，培养电子产品开发、智能装备的安装与调试等职业能力奠定扎实的基础。

本书内容以智能化生产线中的典型模块为载体，通过各模块的组装与调试，构建智能控制系统，体验智能控制理念，让学生能读懂硬件电路图、接线图，并能根据系统工作步骤，编写简单控制程序，实现各模块的自动控制，让学生既具有硬件电路的分析、安装、检测能力，也具备一定的编程和项目调试能力。同时，培养学生在项目开发过程中分析、解决问题的能力和科技创新能力，提高综合职业素养。

本书采用"模块—任务"的编写形式，以完成工作任务（项目）为主线设计工作任务。每个工作任务分为两个子任务，子任务一为知识活页，子任务二为实训活页，整个任务按照"学习情境—获取信息（知识活页）—任务实施（实训活页）—拓展阅读—任务评价—总结提升"脉络编写。本书内容参照规范标准（国家标准、行业标准、JIS工艺标准等）编写，融入新知识、新技术、新工艺，注重实用性和创新性，知识、技能紧跟时代发展，可以拓宽学生视野，培养学生的创新意识。

本书共分为四个模块。

"模块一　智能制造及制造装备"主要介绍智能制造及制造装备的基础内容，包含智能制造的概念、智能装备在智能制造中的地位及作用、制造装备智能控制系统认知，初步认识自动化生产线及智能控制工作平台。

"模块二　智能制造装备PLC技术应用"以自动化生产线为载体，划分为智能送料单元、智能输送单元、智能分拣单元、工业组态屏（三菱）、智能仓储单元等五个任务，以PLC为核心控制器件，按各任务的训练侧重点，从电气安装图的识读开始，到机械部件、气路及传感器的安装，接口的连线，最终完成电气线路的装调、程序的简单编写及调试，体验完整的智能控制过程。

"模块三　智能制造装备单片机技术应用"以智能控制工作平台为载体，包含AGV的检测及调试、智能拆解搬运模块的线路检测及调试两个任务，以STC单片机为核心控制器件，让学生能识读电路图、编写及调试部分简单的功能程序，加深对单片机应用在智能装备控制领域的理解。

"模块四　智能制造装备先进技术应用"以智能控制工作平台的工业机器人、工业视觉系统、智能生产线管理系统、工业互联网的认知及应用作为任务，以认知及体验为主，主要是了解当前智能制造中的先进技术，为学生职业生涯发展服务。

本书参考学时建议见下表。

模块名称		内容	参考学时
模块一　智能制造及制造装备		任务　智能制造及制造装备认知	8
模块二　智能制造装备 PLC 技术应用		任务一　智能送料单元的安装与硬件调试	16
		任务二　智能输送单元的安装及调试	16
		任务三　智能分拣单元的装调及应用	16
		任务四　工业组态屏（三菱）的安装及调试	16
		任务五　智能仓储单元的检测及应用	14
模块三　智能制造装备单片机技术应用		任务一　AGV 的检测及调试	20
		任务二　智能拆解搬运模块的线路检测及调试	20
模块四　智能制造装备先进技术应用		任务一　工业机器人的认知及应用	10
		任务二　工业视觉系统的认知及应用	8
		任务三　智能生产线管理系统的认知及应用	8
		任务四　工业互联网的认知及应用	8
总学时			160

本书由蔡建聪任主编，具体分工如下：模块一由蔡建聪、廖淳共同编写，模块二任务一由黄壮弟编写，模块二任务二、任务三由黄小静编写，模块二任务四由吕思铭编写，模块二任务五由简伟炳编写，模块三由蔡建聪编写，模块四任务一、任务二由冶志轩编写，模块四任务三、任务四由马定中编写。全书由蔡建聪统稿，李宗凡主审，广东诚飞智能科技有限公司郭建明、张远钦等企业专家提供技术支持。

本书在编写过程中，得到了广州市番禺区职业技术学校老师的大力支持和帮助，他们提出了许多宝贵的意见和建议，在此表示衷心感谢！

由于编者水平有限，本书难免存在疏漏之处，恳请广大读者批评指正。

编　者

CONTENTS

模块一

智能制造及制造装备

任务　智能制造及制造装备认知

▶ 知识目标

1. 了解工业革命发展的四个阶段。
2. 了解智能制造的概念及国家智能制造发展战略。
3. 理解智能装备在智能制造中的地位及作用。
4. 了解智能控制及智能控制系统的基本概念。
5. 了解自动化生产线的概念及发展过程。
6. 了解未来智能工厂的发展情况。

▶ 能力目标

1. 能正确简述我国"三步走"实现制造强国的战略目标。
2. 能正确描述智能装备制造业在智能制造中的作用。
3. 能举例简述具体自动化生产线的具体应用。
4. 能根据任务要求，正确识别及指出自动化生产线各组成模块。
5. 能根据任务要求，正确识别及指出智能控制工作平台各组成模块。

▶ 素养目标

1. 培养学生"智能制造，强国战略"的理想信念及自信心。
2. 培养学生认真细致、规范严谨的职业精神。
3. 培养学生团结协作的职业素养。

▶ 规范标准（国家标准、行业标准、JIS工艺标准等）

1. GB/T 40647—2021《智能制造　系统架构》
2. GB/T 40659—2021《智能制造　机器视觉在线检测系统　通用要求》
3. GB/T 40648—2021《智能制造　虚拟工厂参考架构》
4. GB/T 40654—2021《智能制造　虚拟工厂信息模型》
5. GB/T 40655—2021《智能生产订单管理系统　技术要求》
6. JIS B0181—1998《工业自动化系统—数控机床—术语》

7. JIS B0185—2002《智能机器人术语》

8. JIS B3501—2004《可编程控制器——一般信息》

9. JIS B3600—2004《工业自动化系统—制造信息规范—服务定义》

▶ 学习情境

随着互联网技术和数字技术等新一代信息技术的快速发展，智能制造得以大范围推广并成为可能。智能制造是以互联网、大数据、人工智能等先进技术为基础，将传统制造与现代信息技术融合并发展出的一种新型生产模式（见图1-1-1）。经过十多年的技术积累，在21世纪的第二个十年，智能制造在全球范围内迅速发展，许多制造业强国推陈出新，采取了政府、行业组织、企业等协作方式来推动智能制造的发展，并提高工业生产力和行业竞争优势。2011年美国实施"先进制造伙伴计划"战略，2013年德国提出"工业4.0"计划，2014年英国开展"高价值制造"战略，2015年日本颁布"机器人新战略"，2016年欧盟颁布"数字化欧洲工业计划"。智能制造产业升级在世界范围内逐渐扩大兴起，我国的智能制造也应运而生。早在2002年，党的十六大报告便提出，坚持以信息化带动工业化，以工业化促进信息化，走出一条科技含量高、经济效益好、资源消耗低、环境污染少、人力资源优势得到充分发挥的工业化路子。2020年，党的十九届五中全会首次提出我国要在2035年"基本实现新型工业化、信息化、城镇化、农业现代化，建成现代化经济体系"的目标。这些战略举措表明，智能制造已成为制造业重要的发展趋势，推动着新的生产管理方式、商业运营模式和产业发展形态的形成，将对全球工业的产业格局带来重大的影响，进而引发第四次工业革命。

图 1-1-1　智能制造及装备制造

装备制造业是制造业的关键和支柱，对社会经济发展具有基础性作用，同时也是各行业产业升级、技术进步的基础条件。发达的装备制造业是实现工业智能化的必要前提，还可以体现一个国家的技术水平和综合国力。尽管中国装备制造业已经形成了门类齐全、规模庞大的产业群，并有了一些世界领先水平的产品，但仍需意识到其在高端核心技术、技术创新体系和产品产能过剩等方面面临一定问题，需要加强自主研发、提升企业竞争力、推动结构调整和升级，以实现由"制造大国"向"制造强国"的跨越。

当前，中国智能制造飞速发展，为传统制造业转型升级提供了重要机遇。加快推进装备制造业的智能化，建立完善的智能制造装备产业体系，是贯彻工业化和信息化深度融合战略的重大举措。以智能制造引领装备制造业的智能化升级，并通过装备制造业的智能改造推动智能制造在全行业的广泛应用，可以更好地达成我国的制造强国梦。

获取信息

子任务一　智能制造及制造装备概述

※ 任务描述

通过查阅智能制造相关材料，了解工业革命发展的四个阶段、国家智能制造发展战略，以及装备制造在智能制造中的作用，能对自动化生产线及未来智能工厂有基本的认知。

※ 任务目标

1. 通过查阅相关资料，能简述工业革命发展的四个阶段。
2. 能简述智能制造的概念及国家智能制造发展战略。
3. 理解智能装备在智能制造中的地位及作用。
4. 通过学习智能制造、制造装备等知识内容，进一步加深对智能控制及智能控制系统的基本概念的理解。
5. 能简述自动化生产线、智能工厂的概念及未来发展情况。

※ 知识点

本任务知识点列表见表 1-1-1。

表 1-1-1　本任务知识点列表

序号	知识点	具体内容	知识点索引
1	智能制造概述	一、智能制造的背景 1. 制造业的发展历程 2. 国外智能制造发展的背景 3. 我国智能制造之路 二、智能制造的定义	新知识
2	智能制造装备概述	一、智能制造装备认知 1. 工业机器人 2. 智能数控机床 3. 3D 打印（增材制造） 4. 智能传感器 5. 智能物流仓储 6. 智能检测与装配装备 二、智能控制概述 1. 智能控制的基本概念 2. 智能控制的发展	新知识
3	自动化生产线及 智能工厂认知	一、自动化生产线认知 1. 自动化生产线实际案例 2. 自动化生产线的概念 3. 自动化生产线的发展概况 二、智能工厂认知	新知识

知识活页一　智能制造概述

◆ **问题引导**

1.工业革命发展的四个阶段是什么？

2.国外智能制造发展战略是怎样的？

3.我国"三步走"实现制造强国的战略目标的内容是什么？

◆ **知识学习**

一、智能制造的背景

1.制造业的发展历程

制造是一种将物料、能量、资金、人力和信息等有关资源，按照社会所需变为新的、有更高应用价值的有形物质产品和无形软件、服务等产品资源的行为和过程。

国际生产工程研究学会（CIRP）对"制造"的定义：制造是一个涉及制造工业中产品设计、物料选择、生产计划、生产过程、质量保证、经营管理、市场销售和服务的一系列相关活动和工作的总称。

制造业是人类社会赖以生存的基础产业，对现代经济和国家工业现代化至关重要。它利用制造资源和技术，通过制造过程转化为工业品或消费品，是所有与制造活动相关的实体或企业机构的总称。

随着科学技术的进步以及机器的出现，制造业经历了一定的发展阶段，比较典型的分类方式是德国将制造业领域技术的发展进程用工业革命的四个阶段来表示，如图 1-1-2 所示。

图 1-1-2　工业革命发展的四个阶段

（1）第一阶段：工业 1.0——机械化

18 世纪后期，出现以蒸汽机作为动力机被广泛使用为标志的第一次工业革命（工业 1.0）。这次工业革命的结果是采用蒸汽动力驱动的机械生产代替了手工劳动，经济社会从以农业、手工业为基础转型为以工业、机械制造带动经济发展模式，出现了工厂式的制造厂，生产率有了较大提高，揭开了近代工业化大生产的序幕，人类社会由此进入了"蒸汽时代"。

（2）第二阶段：工业 2.0——电气化

工业革命在 19 世纪后半期至 20 世纪初期迎来了第二次浪潮，这一阶段被称作工业 2.0。电力广泛应用和大规模分工合作是其重要特征，强调以电力为驱动，由继电器、电气自动化控制机械设备进行大规模生产。零部件生产与产品装配的成功分离实现了批量生产的高效模式，人类正式进入"电气时代"。

（3）第三阶段：工业3.0——自动化

20世纪70年代起，计算机和信息技术广泛应用，制造自动化大幅提高。工业3.0以数字化、自动化为标志，采用微型计算机、可编程控制器（PLC）、单片机等控制的机械设备生产，生产率、良品率、分工合作程度和设备寿命大幅提升。信息技术使全球人民联系紧密，工业生产引入各类机器人，接管高危、复杂、枯燥的工序，提升经济效益。

（4）第四阶段：工业4.0——智能化

从21世纪开始，第四次工业革命（工业4.0）基于大数据和物联网融合的系统在生产中大规模使用，将数字化和物联网（IoT）结合，实现生产、供应链管理和物流等方面的智能化和互联互通，颠覆传统产业结构、价值链和商业模式。

全球工业革命新特征包括数字化、网络化、智能化制造；制造业服务化、专业化、一体化分工；许多工业发达国家正在积极推广和应用智能制造。

2. 国外智能制造发展的背景

（1）德国——"工业4.0"

德国"工业4.0"于2013年提出，目的是促进制造业数字化、智能化，提升生产效率和产品质量，计划涉及物流、供应链管理、生产流程升级。德国制造业是全球最具有竞争力的行业之一，尤其在装备制造和信息技术领域。"工业4.0"融合信息与智能技术，推动制造业变革，涵盖生产、物流、售后。数字化转型提升德企生产效率和质量，为传统制造业带来发展机遇，推动个性化服务市场。

（2）美国——先进制造业国家战略计划

美国借助互联网优势，提出"互联网＋"制造为基础的再工业化策略，以提升制造业竞争力、创新、投资和就业。智能制造是美国先进制造业的重要组成部分，包括先进传感器、工业机器人和先进制造测试设备等。美国政府和企业高度重视智能制造的发展，因为智能制造能够大幅减少制造业的用工需求，降低劳动力成本，进一步将美国的科技优势转化为产业优势。

（3）日本——物联网升级制造模式

近年来，德国的"工业4.0"、美国的"工业互联网"等相继涌现，加速了以新一代信息技术为主线的制造创新趋势。日本政府也积极跟进，决定在日本机器人革命促进会下设物联网升级制造模式工作组。物联网升级制造模式工作组的主要目标：跟踪全球制造业发展趋势的科技情报，通过政府与民营企业的通力合作，实现物联网技术对日本制造业的变革。

（4）英国——英国工业2050战略

随着新科技和产业形态不断涌现，英国作为第一次工业革命的起源国家，传统制造模式和全球产业格局发生了深刻变化。到2025年，英国将实现按需制造、分布式制造和产品服务化，采用新兴技术群、数据网和智能基础设施等技术形态。未来制造业趋势是低成本产品需求增大、生产重新分配和制造价值链的数字化。制造业将转变为服务＋再制造（以生产为中心的价值链），对生产过程、技术、地点、供应链、人才和文化产生重大影响。

（5）法国——新工业法国

2015年5月，法国政府对"新工业法国"中长期战略规划进行调整。调整后，法国"再工业化"总体布局为"一个核心，九大支点"。核心为"未来工业"，旨在实现工业生产向数字制造、智能制造转型。九大支点包括大数据经济、环保汽车、新资源开发、现代化物流、新型医药、可持续发展城市、物联网、宽带网络与信息安全，以及智能电网，旨在支撑"未来工业"，提升生活质量。

3. 我国智能制造之路

继欧美发达国家的"工业 4.0""先进制造"和"再工业化"战略，我国制定了一系列促进制造业发展的政策和文件，以改变制造业"大而不强"的局面，实现制造大国向制造强国的转变。

2015 年，工业和信息化部启动智能制造试点示范专项行动，并且部署了智能制造综合标准化体系建设，通过"三步走"实现制造强国的战略目标（见图 1-1-3）。

第一步，到 2025 年，迈入世界制造强国行列；

第二步，到 2035 年，我国制造业整体达到世界制造强国阵营中等水平；

第三步，到新中国成立一百年时，我国制造业大国地位更加稳固，综合实力进入世界制造强国前列，制造业主要领域具有创新引领能力和明显竞争优势，建成全球领先的技术体系和产业体系。

我国智能制造发展的内容主要包含十大重点领域、九大任务和五项重大工程。

十大重点领域：新一代信息技术、高档数控机床和机器人、航空航天装备、海洋工程装备及高技术船舶、先进轨道交通装备、节能与新能源汽车、电力装备、农机装备、新材料、生物医药及高性能医疗器械。

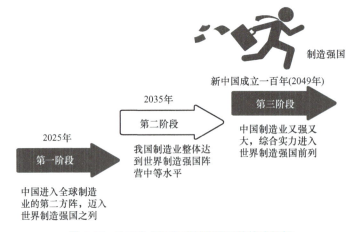

图 1-1-3 "三步走"实现制造强国的战略目标

九大任务：提高国家制造业创新能力，推进信息化与工业化深度融合，强化工业基础能力，加强质量品牌建设，全面推行绿色制造，大力推动重点领域突破发展，深入推进制造业结构调整，积极发展服务型制造和生产性服务业，提高制造业国际化发展水平。

五项重大工程：制造业创新中心建设工程、工业强基工程、绿色制造工程、智能制造工程以及高端装备创新工程。

二、智能制造的定义

智能制造的概念起源于 20 世纪 80 年代，智能制造是伴随信息技术的不断普及而逐步发展起来的。

广义而论，智能制造是一个大概念，是先进制造技术与新一代信息技术的深度融合，贯穿于产品、制造和服务全生命周期各个环节，以制造系统的集成实现制造业数字化、网络化和智能化，不断提升企业产品质量、效益及服务水平，推动制造业创新、绿色、协调、开放以及共享发展。

当前，智能制造是综合集成信息技术、先进制造技术和智能自动化技术在制造企业各环节（如决策、采购、设计、计划、制造、装配、质量保证、销售和服务等）的融合应用，实现全过程的精确感知、自动控制、自主分析和综合决策，具有高度感知化、物联化和智能化特征的新型制造模式。

▶ 素养提升

智能制造——强国战略（见图 1-1-4）

《中华人民共和国国民经济和社会发展第十四个五年规划和 2035 年远景目标纲要》提出，深入实施制造强国战略，坚持自主可控、安全高效，推进产业基础高级化、产业链现代化，保持制造业比重基本稳定，增强制造业竞争优势，推动制造业高质量发展。

我国智能制造发展的总体思路是，坚持走中国特色新型工业化道路，以促进制造业创新发展为主题，以提质增效为中心，以加快新一代信息技术与制造业融合为主线，以推进智能制造为主攻方向，以满足经济社会发展和国防建设对重大技术装备的需求为目标，强化工业基础能力，提高综合集成水平，完善多层次多类型人才培养体系，促进产业转型升级，培育有中国特色的制造文化，实现制造业由大变强的历史跨越、由制造业大国向制造业强国转变的宏伟目标。

图 1-1-4 智能制造——强国战略

知识活页二 智能制造装备概述

◆ 问题引导

1. 装备制造业是制造业的核心和支柱，智能制造离不开智能装备的支撑。请思考智能装备有哪些？

2. 什么是智能控制？什么是智能控制系统？

3. 三种类型的智能控制系统分别是什么？

◆ 知识学习

一、智能制造装备认知

智能制造以新的数字信息技术为基础，结合新的制造工艺和材料，贯穿产品的设计、生产、管理、服务各个环节，是先进制造过程、系统与模式的总称，具有信息深度自感知、优化自决策和精准控制自执行等功能。

智能制造离不开智能装备的支撑，包括高级数控机床、配备新型传感器的智能机器人、智能化成套生产线等，以实现生产过程的自动化、智能化、高效化。

"智能制造装备产业"十二五"发展规划"将智能制造装备定义为具有感知、决策、执行功能的各类制造装备的统称。它是先进制造技术、信息技术和智能技术的集成和深度融合。智能制造装备主要包括智能控制系统、自动化成套生产线、智能仪器仪表、高档数控机床、工业机器人等。

装备制造业是制造业的基石，智能生产、生产模式变革和智能装备是智能制造工程、制造业服务化行动计划和高端装备创新工程的主战场。随着政策密集出台，我国制造业向智能制造方向转型已是大势所趋，开始大量应用云计算、大数据、机器人等相关技术。

智能制造装备产业的核心能力主要体现在关键基础零部件、智能仪表和控制系统、数控机床与基础制造装备、智能专用装备等四大领域，如图 1-1-5 所示。

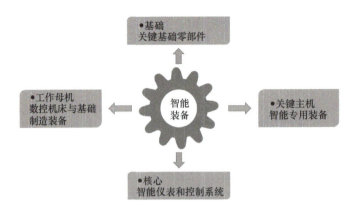

图 1-1-5 智能制造装备产业的核心能力

我国重点推进高档数控机床与基础制造装备，自动化成套生产线，智能控制系统，精密和智能仪器仪表与试验设备，关键基础零部件、元器件及通用部件，智能专用装备的发展，实现生产过程自动化、智能化、精密化、绿色化，带动工业整体技术水平的提升。

1. 工业机器人

工业机器人（Industrial Robot）（见图 1-1-6）是一种结合了计算机技术、制造技术和自动控制技术的智能生产装备，具备拟人化、自控制和可重复编程等特点。随着人工智能技术、多功能传感技术和信息技术的突破，工业机器人逐渐呈现出智能化、服务化和标准化的趋势。

2. 智能数控机床

智能数控机床（见图 1-1-7）是数控机床的高级形态，融合了先进制造技术、信息技术和智能技术，具有自主学习能力，可预估加工能力和设备零件使用寿命，感知加工状态，监视、诊断并修正偏差，对工件质量进行智能化评估，提高加工效能和控制度。

图 1-1-6 工业机器人

图 1-1-7 智能数控机床

3. 3D 打印（增材制造）

3D 打印（见图 1-1-8）是利用数字模型文件和可黏合材料，通过连续物理层叠加生成三维实体的技术，也称为增材制造（Additive Manufacturing，AM）。它综合了数字建模、机电控制、信息技术、材料科学与化学等多方面知识。3D 打印可以控制成本，适用于个性化和小批量生产，未来将更多应用于生物医疗、航空航天、军工等领域。为了节省支撑材料带来的打印成本，3D 打印将向着无支撑化方向研究发展。

4. 智能传感器

智能传感器（Intelligent Sensor）是一种集成于工业网络的新型传感器，具有高性能、高可靠性和多功能等特点，带有微处理器系统，可以感知、采集、诊断、处理和交换信息。未来，智能传感器会更多地结合微处理器和新型工艺材料，如表面硅微机械加工和微立体光刻技术，以提高传感器的精度和适应性。同时，智能传感器还将与 IoT 和互联网相结合，实现网络化，实时收集和传输数据。除了工业制造，智能传感器还将广泛应用于生活服务领域。

5. 智能物流仓储

智能物流仓储（见图 1-1-9）是工业 4.0 中智能工厂的后端部分，由硬件和软件组成。硬件包括自动化立体仓库、多层穿梭车、巷道堆垛机、自动分拣机、自动导引车（AGV）等；软件协调管理企业人员、物料、信息，并将信息联入工业物联网。智能物流仓储可减少人力成本和空间占用，提高管理效率，是降低仓储物流成本的解决方案。未来发展趋势是无人化，无轨搬运机器人将取代轨道 AGV。

图 1-1-8　3D 打印

图 1-1-9　智能物流仓储

6. 智能检测与装配装备

智能检测和装配技术在航空航天、汽车零部件、半导体电子医药医疗等众多领域得到广泛应用，基于机器视觉的多功能智能自动检测装备可以实现自动化检测、装配，提高产品的生产效率，数字化智能装配系统可以全局规划、提高装配设备利用率。除了在航空航天、汽车领域的应用，智能检测和装配技术也将在农产品分选和环保领域发挥潜力。

二、智能控制概述

智能控制是新兴的理论和技术，是一门新兴的边缘交叉学科，是自动控制发展的高级阶段。智能控制的技术是随着数字计算机、人工智能等技术研究的发展而发展起来的。

1. 智能控制的基本概念

智能控制至今尚没有一个公认的统一定义，但为了探究本学科的概念和技术，开发智能控制新方法，对智能控制有某些共同的理解是非常必要的。

（1）智能

阿尔布斯（J.S. Albus）对"智能"的定义：在不确定的环境中做出合适动作的能力。合适动作是指该动作可以增加成功的概率，而成功就是达到行为的子目标，以支持系统实现最终的目标。对人造的智能系统而言，合适动作就是模仿生物或人类思想行为的功能。

智能有不同的程度或级别。低级的智能表现为能感知环境，做出决策和控制行为；较高级的智能表现为能辨识对象和事件，表达关于环境的知识，并对未来做出合理的规划；高级的智能表现为具有理解和觉察能力，能在复杂甚至险恶的环境中进行明智的选择，做出成功的决策，以求生存和进步。

（2）智能控制

IEEE（电气与电子工程师学会）控制系统协会将智能控制总结为：智能控制必须具有模拟人类学习和自适应的能力。定性地讲，智能控制应具有学习、记忆和大范围的自适应和自组织能力；能够及时地适应不断变化的环境；能够有效地处理各种信息，以减少不确定性；能够以安全和可靠的方式进行规划、生产和执行控制动作，以达到预定的目标和良好的性能指标。

（3）智能控制系统

萨里迪斯将智能控制系统定义为：用于驱动智能机器以实现其目标，而无需操作人员干预的系统。智能控制系统是实现某种控制任务的智能系统。而智能系统是对于一个问题的输入，系统具备一定的智能行为，能够产生合适的求解问题的响应。

2. 智能控制的发展

1971年，博京逊等提出了智能控制就是人工智能技术与自动控制理论的交叉，归纳了如下三种类型的智能控制系统。

（1）人作为控制器的控制系统

由于人具有识别、决策和控制等功能，因此对于不同的控制任务、不同的被控对象以及环境，具有自学习、自适应和自组织的功能，能自动采取不同的控制策略以适应不同的情况。

（2）人机结合作为控制器的控制系统

在这样的系统中，机器完成那些连续进行的，并需要快速计算的常规控制任务；人则主要完成任务分配、决策以及监控等任务。

（3）无人参与的自主控制系统

最典型的例子是自主机器人。这时的自主式控制器需要完成问题求解和规划、环境建模、传感信息分析以及底层的反馈控制任务。

知识活页三　自动化生产线及智能工厂认知

◆ 问题引导

1. 简单介绍你所了解的自动化生产线有哪些。什么是自动化生产线？
2. 自动化生产线的技术发展过程是怎样的？
3. 简述未来智能工厂是怎样的。在认知范围内，简述智能工厂包含哪些方面的内容。

◆ 知识学习

一、自动化生产线认知

1. 自动化生产线实际案例

（1）全自动包装码垛生产线

企业传统的原料包装一般是用编织袋包装，采用人工开袋、人工套袋、人工码垛的方式生产作业。随着智能化时代的到来，对于大型农业、工业发展基地等需求量大的企业，采用人工方式已跟不上时代的发展。为解决企业用工难，实现无人化包装和系统无缝对接，开发了全自动包装码垛生产线，如图1-1-10所示。

图1-1-10　全自动包装码垛生产线

全自动包装码垛生产线的路径如下：自动上袋→自动称重包装→夹袋装置→折边缝包机→倒袋机→整形输送机→托盘库与输送设备→自动码垛机（机器人码垛或高位码垛）→人工叉车运送至仓库。

全自动包装码垛生产线通过智能控制程序对整个生产线工作过程进行自动控制，可实现连续运转，具有故障报警、显示和自动连锁停机功能，也可根据用户需要配备通信接口，对全自动包装码垛生产线实现实时监控、远程诊断和网络化管理。

（2）锂电池全自动生产线

图 1-1-11 锂电池全自动生产线

锂电池全自动生产线如图 1-1-11 所示，包括模块组装、电池包组装、成品入库等工序。整线采用 U 形布局方式，电芯入料段采用三道并线的方式，极大地节省了地面空间，增加了物流范围。电芯自动上料机为高科技产品，纸盒采用小车自动上料，能自动打开纸盒，并对空纸盒自动收集。电芯抓取机械手采用并排抓取方式，兼容多款模块，实现快速换型，电芯与下支架条码绑定，测试数据上传制造执行系统（MES），便于数据追溯。下支架采用小车自动上料，极大地节省了人工，提高了产能。下支架通过激光喷码 / 扫码剔除不良品，提高生产线的稼动率。

2. 自动化生产线的概念

自动化生产线是在流水线基础上发展的，要求各种机械加工装置自动完成预定的工序和工艺过程，使产品成为合格制品。同时，装卸工件、定位夹紧、工序间输送、分拣、包装等都能自动进行，按照规定程序工作。这种机械电气一体化系统称为自动化生产线。

自动化生产线的任务就是实现自动生产。自动化生产线综合应用机械技术、控制技术、传感器技术、驱动技术、网络技术、人机接口技术等，通过一些辅助装置按工艺顺序将各种机械加工装置连成一体，并控制液压、气压和电气系统将各个部分动作联系起来，完成预定的生产加工任务。

3. 自动化生产线的发展概况

自动化生产线所涉及的技术领域是很广泛的，所以它的发展、完善与各种相关技术的进步与互相渗透是紧密相连的。因而自动化生产线的发展概况就必须与整个支持自动化生产线有关技术的发展联系起来。其技术应用发展如下：

（1）应用可编程控制器技术

可编程控制器（PLC）是一种以顺序控制为主、回路调节为辅的工业控制机。它具有逻辑判断、定时、计数、记忆和算术运算等功能，能大规模控制开关量和模拟量。相比于传统顺序控制器，可编程控制器具有编程简单、标准化接口、充分利用机器资源、适应性强等优点，广泛应用于自动化生产线控制。

（2）应用机械手、机器人技术

机械手在自动化生产线中的装卸工件、定位夹紧、工件在工序间的输送、加工余料的排除、加工操作、包装等部分得到广泛使用。现在正在研制的第三代智能机器人不但具有运动操作技能，而且还有视觉、听觉、触觉等感觉的辨别能力。具有判断、决策能力，能掌握自然语言的自动装置也正在逐渐应用到自动化生产线中。

（3）应用传感器技术

随着材料科学的发展和固体物理效应的不断出现，形成并建立了一个完整的独立科学体系——传感器技术。在应用上出现了带微处理器的智能传感器，它在自动化生产线的生产中监视着各种复杂的自动控制程序，起着重要的作用。

（4）应用气动技术

气动技术使用取之不尽的空气作为介质，具有传动反应快、动作迅速、气动元件制作容易、成本低和便于集中供应和长距离输送等优点，引起人们的普遍重视。气动技术已经发展成为一个独立的技术领域，在各行业，特别是在自动化生产线中得到迅速发展和广泛应用。

（5）应用网络技术的飞跃发展

网络技术无论是现场总线还是工业以太网，使得自动化生产线中的各个控制单元构成一个协调运转的整体。

二、智能工厂认知

近年来，全球各主要经济体都在大力推进制造业的复兴。在工业 4.0、工业互联网、物联网、云计算等热潮下，全球众多优秀制造企业都开展了智能工厂建设实践。某汽车世界级智能工厂如图 1-1-12 所示。

智能工厂是实现智能制造的重要载体，主要通过构建智能化生产系统、网络化分布生产设施，实现生产过程的智能化。智能工厂已经具有了自主能力，可采集、分析、判断、规划；通过整体可视技术进行推理预测，利用仿真及多媒体技术，将实境扩增展示设计与制造过程。系统中各组成部分可自行组成最佳系统结构，具备协调、重组及扩充特性。智能工厂典型应用案例如图 1-1-13 所示。

图 1-1-12　某汽车世界级智能工厂

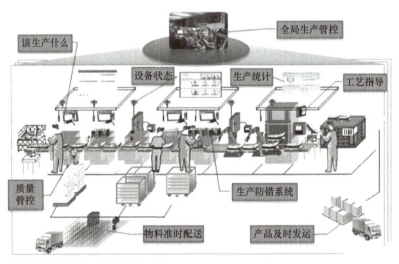

图 1-1-13　智能工厂典型应用案例

智慧工厂的特征包括：联网化、智能化、自适应性、安全性、可追溯性、人机协作和可持续性。设备互联共享数据，利用传感器和人工智能（AI）提高效率和质量，快速响应市场需求调整生产，确保生产安全可靠，记录分析所有数据保证质量可控可追溯，实现人机高效协作，通过节能减排等措施实现可持续发展。

智慧工厂是制造业转型升级的重要趋势，其应用场景和范围不断扩大。智慧工厂将实现设备互联和信息共享，推动生产过程自动化和提高生产效率，促进制造业变革性升级，实现可持续发展，推动经济社会绿色低碳转型。

 **任务实施**

子任务二　制造装备智能控制系统认知

※ 任务描述

本任务主要以自动化生产线、智能控制工作平台为载体，通过对自动化生产线、智能控制工作平台的结构观察、操作运行，认识各功能单元模块的结构配置和功能，识别相关传感器，了解气路系统，体验自动化生产线、智能控制工作平台的工作过程。

※ 任务目标

1. 能根据自动化生产线、智能控制工作平台的相关资料，识别各单元模块结构配置和功能。

2. 通过观察实际实训设备，识别相关传感器等器件，认识气路系统。

3. 在教师的指导下，体验自动化生产线、智能控制工作平台的运行工作过程，让学生对生产线、智能装备等从感性认识到实际了解。

※ 设备及工具

设备及工具见表 1-1-2。

表 1-1-2　设备及工具

序号	设备及工具	数量
1	自动化生产线（设备）	1 台
2	智能控制工作平台（设备）	1 台
3	六角螺钉、螺丝刀、斜口钳等	1 套
4	导线、排线、扎带、绝缘胶布等	1 套

实训活页一　初识自动化生产线

一、初步认识自动化生产线

自动化生产线主要由间歇式送料单元、物料传送单元、智能分拣单元、姿态检测及调整单元、工件入仓单元、触摸屏等功能单元的机械结构，以及配套的电气控制系统、气动回路系统组成，如图1-1-14所示。

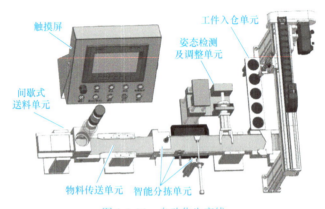

图1-1-14　自动化生产线

二、各单元模块结构及功能认知

1. 间歇式送料单元

（1）构成

间歇式送料单元主要由上料筒、推料杆（双联气缸）、检测有无工件传感器（光纤传感器）、气缸位置检测磁性开关、电磁阀等构成，如图1-1-15所示。

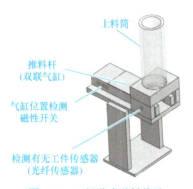

图1-1-15　间歇式送料单元

（2）功能

上料筒用于堆放圆形工件，上料筒下方装有光纤传感器，当光纤传感器检测到有工件时，光纤传感器将信号传输给PLC，双轴快速复位气缸模块再根据PLC的指令，自动将圆形工件推送到变频器输送带上。需要注意的是，圆形工件的姿势位置是根据控制要求改变的。

2. 物料传送单元

（1）构成

物料传送单元主要由直线输送带、输送带驱动机构（AC 220V 三相交流变频电动机）、变频器模块、编码器、颜色辨别传感器（间歇式送料单元的光纤传感器）、材质辨别传感器、姿势辨别传感器、输送带末端传感器等组成，如图 1-1-16 所示。

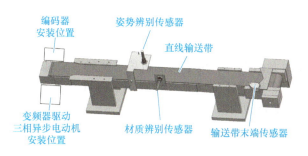

图 1-1-16　物料传送单元

（2）功能

送料时，把工件放到输送带上，变频器通过 PLC 的程序控制，电动机运转驱动输送带工作，把工件移到检测区域进行各种检测，最后将工件移动到尾端的吸盘进行分拣。

3. 智能分拣单元

（1）构成

该模块主要由推杆平台、废料推杆、废料筒、电磁阀等构成。

（2）功能

该模块主要用于执行将系统 PLC 程序设置的工件推入指定的回收箱内。当姿势辨别传感器检测到工件的姿势错误时，PLC 程序驱动推料气缸快速推出，将当前工件推到回收箱内。

4. 姿态检测及调整单元

（1）构成

姿态检测及调整单元主要由翻转手爪气缸、翻转机械手升降气缸、翻转直流减速电动机、翻转限位传感器（分左、右限位）、电磁阀、磁性开关等构成，如图 1-1-17 所示。

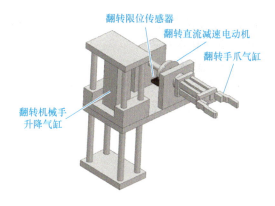

图 1-1-17　姿态检测及调整单元

（2）功能

姿势辨别传感器检测到的工件为反向摆放时，翻转手爪下降，将工件夹起翻转纠正。纠正后的工件最后被吸盘式机械手移载到相应的位置上摆放。该翻转机械手可实现180°的旋转。当输送带送来的工件不符合工艺要求，需要进行姿势纠正时，机械手下降，机械手手爪动作，将工件夹起。然后通过旋转电动机把工件旋转180°，工件姿势纠正后，由输送带送到下一工件站。

5. 工件入仓单元

（1）构成

工件入仓单元主要由龙门架、机械手移动机构（X轴、Y轴单轴气缸）、步进电动机及驱动器、左移限位开关、右移限位开关、原点传感器、磁性开关、电磁阀、真空发生器、吸盘升降气缸等组成，如图1-1-18所示。

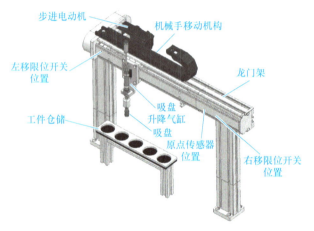

图1-1-18 工件入仓单元

（2）功能

当输送带将工件传送到输送带末端时，输送带末端传感器检测到工件到位，并将信号反馈给PLC。吸盘移动机械手在PLC程序的驱动下，Y轴气缸下降，真空吸盘将工件吸住，最后移动至指定位置放置。本模块执行动作的处理方式由PLC程序来设定，用户可根据控制要求进行更改。

三、识别各单元模块

1）在自动化生产线设备上，识别间歇式送料单元、物料传送单元、智能分拣单元、姿态检测及调整单元、工件入仓单元等机械部件。

2）识别自动化生产线的各种传感器。

3）识别自动化生产线的气路系统。

4）演示及体验自动化生产线的工作过程。

实训活页二 初识智能控制工作平台

一、初步认识智能控制工作平台

智能控制工作平台是在互联网应用背景下，以智能制造技术为基础的综合型智能（生产）控制教学实训设备。该实训工作平台由智能送料模块、加工装配模块、检测拆解搬运模块、AGV 输送模块、智能仓储系统模块组成，配套相应的电气控制系统、气动回路系统。智能控制工作平台如图 1-1-19 所示，顶视图如图 1-1-20 所示。

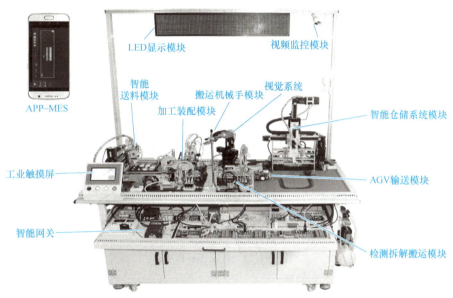

图 1-1-19　智能控制工作平台

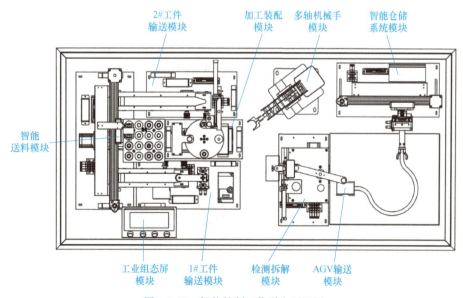

图 1-1-20　智能控制工作平台顶视图

智能控制工作平台以智能制造中柔性生产系统的工作过程为模版，集成工业互联网、云平台、大数据、远程监控与通信技术，再现了过程控制技术在智能生产控制系统中的应用。

二、各单元模块结构及功能认知

1. 智能送料模块

（1）构成

智能送料模块主要由直线模组、丝杠模组、步进电动机、16宫格料仓、检测传感器、限位传感器、气缸、真空回路、安装架等构成，如图1-1-21所示。

（2）功能

当16宫格料仓放入工件后，按下启动工件扫描功能，龙门架X轴与Y轴丝杠模组便开始交替移动工作，把料仓内的工件扫描一遍并将相关的产品信息传送至人机界面，工件被检测识别后便可以在人机界面上选定所要的材料启动生产功能。

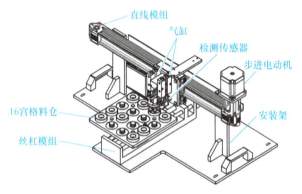

图1-1-21　智能送料模块

2. 智能输送装配模块

智能输送装配模块由三部分组成，分别为柱形工件输送模组、环形工件输送模组、加工装配转盘模组。

（1）柱形工件输送模组

1）构成。柱形工件输送模组由模组支架、同步带与同步轮、输送带、真空吸嘴、气缸、电磁阀、步进电动机、步进控制器等构成，如图1-1-22所示。

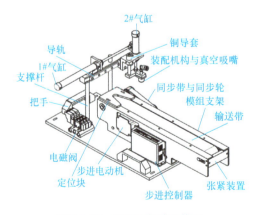

图1-1-22　柱形工件输送模组

2）功能。本模组通过输送带由步进电动机驱动，工件输送至定位块位置后，1#气缸带动整个装配机构经导轨回到输送带位置，2#气缸向下运动用吸嘴吸取工件后气缸缩回，再由1#气缸将整个装配结构伸出把工件带至转盘处实现装配动作。

（2）环形工件输送模组

1）构成。环形工件输送模组由模组支架、三相电动机、输送带、旋转气缸、上下气缸、三维机械手、电磁阀等组成，如图 1-1-23 所示。

2）功能。本模组通过输送带由三相电动机驱动，三相电动机由变频器控制，工件输送至三维机械手下方后，上下气缸动作并开启真空，将工件吸起并由旋转气缸将工件送出至加工站的进料工位。

（3）加工装配转盘模组

1）构成。加工装配转盘模组由原点传感器支架、步进电动机、步进控制器、减速箱、转盘、气缸、电磁阀等组成，如图 1-1-24 所示。

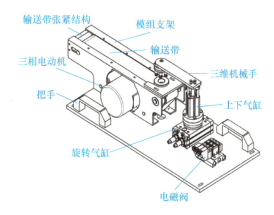

图 1-1-23　环形工件输送模组

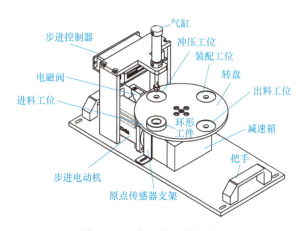

图 1-1-24　加工装配转盘模组

2）功能。智能输送装配模块通过进料工位放置环形工件后，转盘转动工件到气缸下方，气缸向下运动实现模拟冲压的加工动作，然后工件转至装配工位，柱形工件由环形工件输送模块的机械手传送过来，并在转盘的装配工位实现两种工件的组合装配，待装配完工后转至出料工位取走。

3. 搬运机械手模块

（1）构成

搬运机械手模块主要由气动机械手爪、X 轴、Y 轴、Z 轴、停止 / 复位 / 启动功能按键、控制模块等组成，如图 1-1-25 所示。

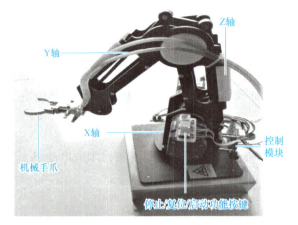

图 1-1-25 搬运机械手模块

（2）功能

搬运机械手模块将组合装配好的工件，通过搬运机械手，把工件搬运到检测拆解模块。搬运机械手设备与 APP 通过 WiFi 建立通信的，每台工业机器人内置有 WiFi 发射器，调试工业机器人时，必须要连接其 WiFi。

4. 检测拆解搬运模块

（1）构成

检测拆解搬运模块主要由步进电动机、步进控制器、排料气缸、排料机构、拆解气缸、吸嘴座、吸件气缸、光电传感器（光电开关）、电磁阀等组成，如图 1-1-26 所示。

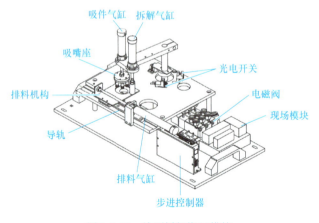

图 1-1-26 检测拆解搬运模块

（2）功能

检测拆解搬运模块的功能是：由工业相机传过来的数据，分辨合格品，处理不合格品。当不合格品运至本模块时，由拆解气缸将工件拆散，并通过排料气缸将拆散的工件放入回收盒；如果运送过来工件为合格品，那么由吸料气缸将合格的工件送去下一站小车上。

5. AGV 输送模块

（1）构成

AGV 由主控芯片 STC12C5A60S2、红外对射管检测电路、电动机驱动电路、红外巡线传感器电路等组成，如图 1-1-27 所示。

图 1-1-27　AGV

（2）功能

AGV 底部配有 8 路红外寻迹传感器，可以实现直线、曲线、折线等各式轨迹的智能巡线功能。同时支持碰撞检测，支持多种行驶路线预设等，还可以通过蓝牙对 AGV 进行无线控制。AGV 依据色带的颜色进行巡线，并运送已加工的合格工件至智能仓储系统的指定入库地点。

6. 智能仓储系统

（1）构成

智能仓储系统主要由 3×3 立体仓库、直角坐标机械手、X 轴电动机、Z 轴电动机、Y 轴旋转气缸、夹子气缸、伺服电动机、步进电动机、立体仓库泊位、电磁阀等组成，如图 1-1-28 所示。

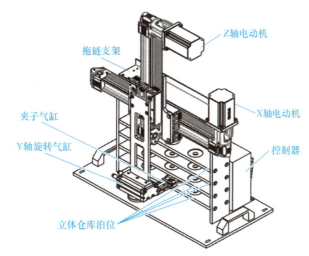

图 1-1-28　智能仓储系统

（2）功能

智能仓储系统通过直角坐标系机械手实现成品件在 3×3 立体仓库的进出库功能，从而能根据工作的需要按指定要求将加工好的成品件存入仓库的指定地点，也能根据销售计划安排准确地将被提货成品取至指定的提货平台。

三、识别各单元模块

1）在智能控制工作平台，识别智能送料模块、智能输送装配模块、搬运机械手模块、检测拆解搬运模块、AGV 输送模块、智能仓储系统等机械部件。

2）识别智能控制工作平台的各种不同的传感器。

3）识别智能控制工作平台的气路系统。

4）演示及体验智能控制工作平台的工作过程，观察智能控制工作平台的工作过程。

▶▶拓展阅读

智能装备产业发展概况

我国高端装备制造业已初具规模，除了在航空、造船、汽车、轨道交通等领域取得巨大成绩之外，还逐渐形成了以华北的北京、天津，华东的山东、上海、江苏、浙江，华南的广州、珠海、深圳，华中的长沙、武汉，西部的西安、成都、重庆等为中心的多个制造业核心区域。但与发达国家相比，我国智能装备制造业技术水平仍存在差距，尤其在关键零部件，如伺服电动机、精密减速机、机器人控制器等方面的核心技术积累和自主生产能力较弱。关键零部件产业被国外厂商把持使得零部件价格居高不下，提高了国内自动化单元产品和自动化设备的生产成本，削弱了国内厂商的综合竞争力。

我国已持续出台一系列旨在推动智能制造深度发展和制造业全面转型升级的政策文件和措施，为行业的创新与发展构建了更为积极和富有活力的政策环境。根据工业和信息化部发布的《"十四五"智能制造发展规划》，近十年来，通过产学研用协同创新、行业企业示范应用、央地联合统筹推进，我国智能制造发展取得长足进步。供给能力不断提升，智能制造装备市场满足率超过50%，主营业务收入超10亿元的系统解决方案供应商达40余家。支撑体系逐步完善，构建了国际先行的标准体系，发布国家标准285项，牵头制定国际标准28项；培育具有行业和区域影响力的工业互联网平台近80个。推广应用成效明显，试点示范项目生产效率平均提高45%、产品研制周期平均缩短35%、产品不良品率平均降低35%，涌现出离散型智能制造、流程型智能制造、网络协同制造、大规模个性化定制、远程运维服务等新模式、新业态。但与高质量发展的要求相比，智能制造发展仍存在供给适配性不高、创新能力不强、应用深度广度不够、专业人才缺乏等问题。

当前，我国已转向高质量发展阶段，正处于转变发展方式、优化经济结构、转换增长动力的攻关期，但制造业供给与市场需求适配性不高、产业链供应链稳定面临挑战、资源环境要素约束趋紧等问题凸显。站在新一轮科技革命和产业变革与我国加快高质量发展的历史性交汇点，要坚定不移地以智能制造为主攻方向，推动产业技术变革和优化升级，推动制造业产业模式和企业形态根本性转变，以"鼎新"带动"革故"，提高质量、效率效益，减少资源、能源消耗，畅通产业链、供应链，助力碳达峰、碳中和，促进我国制造业迈向全球价值链中高端。

▶▶任务评价

1.请对本任务所学智能制造及制造装备的相关知识、技能、方法及任务实施情况等进行评价。

2.请总结、归纳本任务学习的过程，分享、交流学习体会。

3.填写任务评价表（见表1-1-3）。

表1-1-3 任务评价表

班级			学号			姓名		
任务名称	（1-1）任务 智能制造及制造装备认知							
评价项目	评价内容	评价标准		配分	自评	组评		师评
知识点学习	工业革命发展的四个阶段	简述工业革命发展的四个阶段		5				
	智能制造的概念	简单描述智能制造的概念		5				
	"三步走"实现制造强国的战略目标	正确描述制造强国的战略目标		5				
	智能装备在智能制造中的作用	简单描述智能装备的作用		5				
	智能控制及智能控制系统的基本概念	能简述智能控制的基本概念		5				
	自动化生产线的概念	能简述自动化生产线的基本概念		5				
技能点训练	认识模拟自动化生产线、智能控制工作平台	根据不同实训设备，能正确叙述实训平台的基本工作过程		10				
	各单元模块结构及功能认知	能在实训设备上正确识别各模块结构		15				
	识别各单元模块	能在实训设备上正确描述各模块功能		20				
	识别气路系统	能简单指出各实训平台的气路系统		10				
思政点领会	"智能制造，强国战略"的理想信念	正确理解实施以智能制造为特征的强国战略		5				
专业素养养成	安全文明操作	规范使用设备及工具		10				
	6S 管理	设备、仪表、工具摆放合理						
	团队协作能力	积极参与，团结协作						
	语言沟通表达能力	表达清晰，正确展示						
	责任心	态度端正，认真完成任务						
合计				100				
教师签名				日期				

▶▶ 总结提升

一、任务总结

1. 工业革命发展的四个阶段：工业 1.0——机械化、工业 2.0——电气化、工业 3.0——自动化、工业 4.0——智能化。

2. 我国"三步走"实现制造强国的战略目标：（1）到 2025 年，迈入制造强国行列；（2）到 2035 年，我国制造业整体达到世界制造强国阵营中等水平；（3）到中华人民共和国成立一百年时，我国制造业大国地位更加稳固，综合实力进入世界制造强国前列。

3. 智能制造一般指综合集成信息技术、先进制造技术和智能自动化技术在制造企业的各个环节融合应用，实现企业研发、制造、服务和管理全过程的精确感知、自动控制、自主分析和综合决策，具有高度感知化、物联化和智能化特征的一种新型制造模式。

4. 智能制造装备定义：具有感知、决策、执行功能的各类制造装备的统称。它是先进制造技术、信息技术和智能技术的集成和深度融合。智能制造装备主要包括智能控制系统、自动化成套生产线、智能仪器仪表、高档数控机床、工业机器人等。

5. IEEE 控制系统协会将智能控制总结为：智能控制必须具有模拟人类学习和自适应的能力。萨里迪斯定义智能控制系统：用于驱动智能机器以实现其目标，而无需操作人员干预的系统。

二、思考与练习

1. 填空题

（1）工业革命发展的四个阶段：_____、_____、_____、_____。

（2）实现制造强国的战略目标，到 2025 年，我国将_____。

（3）智能制造装备定义：具有_____、_____、_____的各类制造装备的统称。

（4）自动化生产线主要由_____、_____、智能分拣、姿态检测及调整、工件入仓等功能单元组成。

（5）智能控制工作平台主要由智能选送料模块、加工装配模块、检测拆解搬运模块、_____、_____组成。

2. 选择题

（1）傅京逊等提出了智能控制就是人工智能技术与自动控制理论的交叉，归纳了 3 种类型的智能控制系统，以下不属于这 3 种类型的是（　　）。

A. 人作为控制器的控制系统　　　B. 人机结合作为控制器的控制系统

C. 无人参与的自主控制系统　　　D. 流水线

（2）按照规定的程序自动进行工作，这种自动工作的机械电气一体化系统为（　　）。

A. 自动化生产线　　　　　B. 智能工厂

C. 工业机器人　　　　　　D. 智能制造

3. 简答题

（1）简述我国"三步走"实现制造强国的战略目标的内容。

（2）简述智能装备制造业的核心能力主要体现在哪几个领域。

（3）简述你了解的自动化生产线是怎样的，请举例说明。

（4）在你的认知范围内，简述未来智能工厂是怎样的。

模块二

智能制造装备 PLC 技术应用

任务一　智能送料单元的安装与硬件调试

▶ **知识目标**

1. 了解传感器的概念及工作原理。
2. 了解气缸、电磁阀的种类及工作原理。
3. 掌握三菱可编程控制器（PLC）的工作原理及基本构成。
4. 了解送料系统的作用。
5. 掌握电气原理图的识读及绘制方法。

▶ **能力目标**

1. 能正确根据生产实际需要选择合适的气缸。
2. 能正确简述智能送料的基本控制过程。
3. 能熟练对智能送料模块进行安装与调试。
4. 能根据电气原理图的识别原则，正确识读电气原理图。
5. 能正确对设备的电路、气路进行调试，学会调试方法。

▶ **素养目标**

1. 培养学生科学严谨、标准规范的学习与工作态度。
2. 培养学生的规范意识。
3. 培养学生自主探究、团队合作的意识。

▶ **规范标准（国家标准、行业标准、JIS工艺标准等）**

1. GB/T 14479—1993《传感器图用图形符号》
2. GB/T 4728.1—2018《电气简图用图形符号　第1部分：一般要求》
3. GB/T 786.1—2021《流体传动系统及元件　图形符号和回路图　第1部分：图形符号》
4. JIS C0617-1—2011《简图用图形符号　第1部分：一般信息、通用索引、对照参照表》
5. JIS B8373—2015《气动电磁阀》

学习情境

工业 4.0 以智能制造为主导的第四次工业革命，在全球范围内引发了新一轮的工业转型。中国制造业升级转型是大势所趋，只有提高工业的竞争力，才能在工业革命占领先机。

我国作为制造业大国，拥有众多劳动密集型企业。现阶段，我国传统劳动密集型制造业生产要素成本低的竞争优势正在不断减退，随着生产设备的逐渐增多、生产过程日益复杂、人力成本快速上升，以及系统管理的要求越来越高，制造企业向智能工厂转型发展是必然趋势。

在智能制造过程，送料系统一般是整个生产线或智能控制系统的起始阶段，传统的送料系统已不能满足智能工厂的需要，新型的智能化送料系统将不断涌现，包括物联网送料系统、柔性送料系统、集中自动送料系统（见图 2-1-1）等，均已有比较完整的技术储备。不同的生产产品，所需要的送料系统也有所区别，在本任务中，送料单元（模块）以最简单的方式呈现，方便读者对送料系统的简单认知。

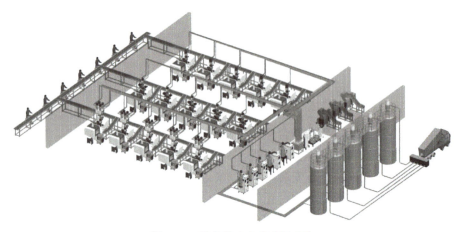

图 2-1-1　模拟集中自动送料系统

 获取信息

子任务一　智能送料单元认知

※ 任务描述

通过查阅智能送料单元的相关材料，对当前智能送料技术有基本认识；能正确识别智能送料单元所涉及的核心器件、传感器、气缸等内容；查阅参考资料，能规范使用相关的器件及模块。

※ 任务目标

1. 通过查阅相关资料，能简述智能送料的基本控制过程。

2. 通过学习生产线中常用智能送料的基本知识，进一步加深对当前智能送料模块的了解。

3. 查阅核心器件三菱 PLC、光纤传感器、电磁阀、磁性开关等参考资料，熟悉接线方法，并能按照职业标准要求规范使用。

※ 知识点

本任务知识点列表见表 2-1-1。

表 2-1-1　本任务知识点列表

知识点	具体内容	知识点索引
智能送料系统器件识别及应用	一、传感器 1. 磁性开关 2. 光纤传感器 二、电磁换向阀 1. 电磁换向阀的分类 2. 电磁换向阀的通口数和基本机能 三、气缸 1. 单作用单杆气缸 2. 双作用单杆气缸	新知识

知识活页 智能送料系统器件识别及应用

◆ **问题引导**

1. 什么是传感器？传感器的工作原理是怎样的？
2. 电磁阀分为哪几类？电磁阀的工作原理是怎样的？
3. 气缸分为哪几类？常见气缸的工作原理是怎样的？
4. 什么是可编程控制器（PLC）？可编程控制器的基本构成是怎样的？可编程控制器的特点有哪些？

◆ **知识学习**

一、传感器

传感器技术是精密机械测量技术、半导体技术、信息技术、微电子学、光学、声学、仿生学和材料科学等众多学科、技术相互交叉的综合性高新技术密集型前沿技术之一，是现代新技术革命和信息社会的重要基础，是自动检测和自动控制不可缺少的重要组成部分。

传感器用于感知外部信息，检测位置、颜色等信息，并且把相应的信号输入给 PLC 等控制器进行处理。在自动化生产线的智能送料模块，使用到的传感器有磁性开关、光纤传感器等，见表 2-1-2。

表 2-1-2 传感器列表

传感器名称	传感器实物图片	传感器符号	用途
磁性开关	■ D-Z73		气缸位置检测
光纤传感器	E3X-NA11 omron	R_L	工件有无的检测

1. 磁性开关

磁性传感器又称为磁性开关，是液压与气动系统中常使用的传感器。磁性开关是一种利用磁场信号来控制电路开关的器件。磁性开关在计数、限位、位置和方向测量等方面应用广泛，如程控交换机、复印机、洗衣机、消毒碗柜、门磁、电子衡器、水塔水位计等设备上都可以用到磁性开关。常用的磁性开关有磁性接近开关、门磁开关、感应开关，它是将连接好引线的干簧管和指示灯封装在黑色外壳里，并配有带磁铁的塑料外壳固定件，当磁铁靠近带有导线的开关时，开关就会动作。常见磁性开关实物如图 2-1-2 所示。

（1）工作原理

以气缸为例说明磁性开关的工作原理，如图 2-1-3 所示，在气缸上，磁性开关主要用于检测气缸活塞的位置，当有磁性物质接近，磁性开关便会动作，并输出信号。当气缸的磁环移动，靠近磁性感应开关的时候，磁性开关的磁簧片就会被感应接通；当气缸的磁环离开感应开关的区域，磁簧片失去磁性而断开。

图 2-1-2　常见磁性开关实物

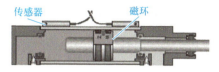

图 2-1-3　气缸移位控制

在 PLC 自动控制中，根据磁性开关的输出信号，可以利用该信号判断推杆的运动状态和位置，以确认气缸是处在伸出还是缩回的状态。

（2）使用方法

磁性开关的信号输出由两根线或三根线引出。两根线分别为棕色和蓝色，蓝色引出线接入 PLC 公共端子，棕色引出线接入 PLC 输入端子。三根线分别为棕色、黑色和蓝色，棕色和蓝色引出线分别连接到电源的正极和负极，而黑色引出线则是输出线。在磁性开关上设置的发光二极管（LED）用于显示其信号状态，供调试时使用。磁性开关动作时，LED 亮；磁性开关不动作时，LED 不亮。带指示灯的有触点磁性开关，当电流超过最大电流时，发光二极管会损坏；若电流在规定范围以下，发光二极管会变暗或不亮。磁性开关的安装位置可以调整，调整方法是松开它的紧定螺栓，让磁性开关顺着气缸滑动，到达指定位置后，再旋紧紧定螺栓。

2. 光纤传感器

（1）光纤传感器的功能

光纤传感器也称光纤式光电接近开关。送料仓内装有光纤传感器，用以检测是否有工件输送到输送带。有工件时，光纤传感器将信号传输给 PLC，用户 PLC 程序输出驱动信号使送料气缸向前伸出，将工件送至输送带上进行下一步的工作。

（2）工作原理

光纤传感器由放大器单元、光纤单元（光纤及光纤检测头）和配线接插件单元三个组件组成，如图 2-1-4 所示，放大器和光纤检测头是分离的两个部分，光纤检测头的尾端有两条光纤，使用时分别插入放大器的两个光纤孔。光纤传感器也是光电传感器的一种。

光纤传感器的优点是抗电磁干扰，可工作于恶劣环境，传输距离远，使用寿命长，此外，由于光纤头具有较小的体积，所以可以安装在很小的空间内。另外，光纤不受任何电磁信号的干扰，并且能使传感器的电子元器件与其他的干扰信号相隔开。

（3）使用方法

光纤传感器中，放大器的灵敏度调节范围较大。当灵敏度调得较小时，用于反射性较差的黑色物体，光电探测器接收到较少反射信号；而用于反射性较好的白色物体，光电探测器就可以接收到较多反射信号。因此，要调高放大器灵敏度，才能检测出反射性较差的黑色物体。光纤传感器有三根引出线，棕色的为电源线正极，蓝色的为电源线负极（接 PLC 输入公共端），黑色的为传感器的信号输出端（接 PLC 信号输入端）。

图 2-1-5 给出了光纤传感器放大器单元的俯视图，调节中部的 8 旋转灵敏度高速旋钮就能进行放大器灵敏度调节（顺时针旋转灵敏度增大）。调节时，会看到入光量显示灯发光的变化。当探测器检测到物料时，动作显示灯会亮，提示检测到物料。

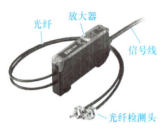

图 2-1-4　光纤传感器组件

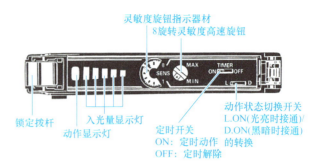

图 2-1-5　光纤传感器放大器单元的俯视图

二、电磁换向阀

电磁换向阀属于方向控制阀，改变和控制气流流动方向的元件称为方向控制阀。

为了使阀换向，必须对阀芯施加一定大小的轴向力，使其迅速移动改变位置。获得轴向力的方式叫作换向阀的操作方式（或称控制方式），通常可分为气压、电磁、人力和机械四种操作方式。

电磁换向阀是用电磁铁产生的电磁力直接推动阀芯来实现换向的一种电磁控制阀。电磁换向阀的控制启动电源为 DC 24V，根据线圈电源的 ON/OFF 使阀芯来回动作，从而控制执行气缸的伸出及复位功能。

1. 电磁换向阀的分类

根据阀芯复位的控制方式，可分为单电控和双电控，如图 2-1-6 所示。

a) 单电控　　　　　　b) 双电控

图 2-1-6　电磁换向阀

单电控换向阀在失电时，立即复位，气缸自动缩回。

双电控二位换向阀具有记忆功能，如果在气缸伸出的途中突然失电，气缸仍将保持原来的位置状态。如气缸用于夹紧机构，考虑到失电保护控制，则选用双电控阀为好。例如双电控二位五通阀，当 A 电磁线圈得电、B 电磁线圈失电时，双电控二位五通阀的动阀芯往右移，气缸向前伸出；当 B 电磁线圈得电、A 电磁线圈失电时，双电控二位五通的动阀芯往左移，气缸复位。

单电控与双电控电磁阀的特性见表 2-1-3。

表 2-1-3　单电控与双电控电磁阀的特性

种类	单电控二位四通阀	单电控二位五通阀	双电控二位五通阀
图形符号			

（续）

种类	单电控二位四通阀	单电控二位五通阀	双电控二位五通阀
特性	电磁阀只有一个控制线圈，当电磁线圈通电时，气动回路就发生切换；当电磁线圈失电时，电磁阀由弹簧复位，气动回路恢复到原状态		电磁阀有两个控制线圈，任何一个电磁线圈通电，都会使电磁阀换向；双线圈电磁阀有记忆功能，即线圈通电后立即失电，电磁阀也会保持通电时的状态不变。只有当另一电磁线圈通电时，电磁阀才会切换为另一状态

2. 电磁换向阀的通口数和基本机能

电磁换向阀包括二位三通、二位四通、二位五通单电控阀，二位五通双电控阀等，均作为各自启动执行元件控制之用，见表 2-1-4。二位五通电磁阀外形如图 2-1-7 所示。

电磁换向阀图形符号的含义如下：

1）位：为改变液流方向，阀芯相对于阀体不同的工作位置数（二位、三位），用方框表示。

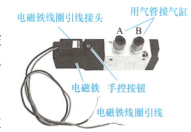

图 2-1-7　二位五通电磁阀外形

表 2-1-4　电磁换向阀的基本机能

序号	名称	图形符号	说明
1	二位三通换向阀		推压控制机构，弹簧复位
2			滚轮杠杆控制，弹簧复位
3			单作用电磁铁操纵，弹簧复位，定位销手动定位
4	二位四通换向阀		单作用电磁铁操纵，弹簧复位
5	二位五通换向阀		推压控制机构，弹簧复位
6			单气控制，弹簧复位
7			双气控制
8	三位四通换向阀		弹簧对中，双作用电磁铁直接操纵，中位各气口全部关闭，系统保持压力

2）通：换向阀与液压系统油路相连的主油口数（二通、三通、四通、五通），在一个方框内 "↑" "↓" 或 "□" "┬" 与方框的交点数。

3）"↑" "↓" 表示油路连通，"□" "┬" 表示油路被堵塞。

三、气缸

气缸是气压传动系统的执行元件，它的作用是将压缩空气的压力能转换为机械能。气缸有做往复直线运动和做往复摆动两类。做往复直线运动的气缸又可分为单作用、双作用、薄膜式、气液阻尼和冲击气缸5种。下面介绍最常见的单作用单杆气缸和双作用单杆气缸。

1. 单作用单杆气缸

靠弹簧复位的单作用单杆气缸的结构如图2-1-8所示，它主要由活塞杆5、活塞9、导向环10、前缸盖4、后缸盖13、缓冲垫圈6和12等组成。在前缸盖上有一个呼吸口，在后缸盖上有一个进气口。单作用气缸只有在活塞的一侧可以通入压缩空气，在活塞的另一侧，呼吸口与大气接通。这种气缸的压缩空气只能在一个方向上做功，活塞的反方向动作则依靠复位弹簧实现。由于压缩空气只能在一个方向上控制气缸活塞的运动，所以称为单作用气缸。

单作用气缸的特点：

1）由于单边进气，所以结构简单、耗气量小。

2）由于用弹簧复位，所以压缩空气的能量有一部分用来克服弹簧的弹力，因而减小了活塞杆的输出推力。

3）缸体内因安装弹簧而减小了空间，使活塞的有效行程缩短。

4）气缸复位弹簧的弹力是随其变形大小而变化的，因此活塞杆的推力和运动速度在行程中是有变化的。

基于上述特点，单作用活塞式气缸多用于短行程及对活塞杆推力、运动速度要求不高的场合，如定位和夹紧装置等。单作用气缸的符号及实物如图2-1-9所示。

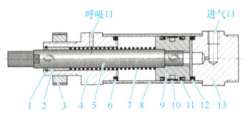

图2-1-8　单作用单杆气缸

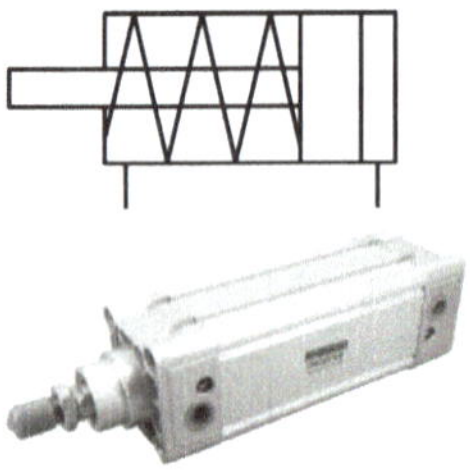

图2-1-9　单作用气缸的符号及实物

1—卡环　2—导向套　3—螺母　4—前缸盖　5—活塞杆
6、12—缓冲垫圈　7—弹簧　8—缸筒　9—活塞
10—导向环　11—活塞密封圈　13—后缸盖

2. 双作用单杆气缸

图2-1-10所示为双作用单杆气缸，它主要由活塞杆5、活塞6、前缸盖3、后缸盖9、缸筒4、防尘密封圈2和活塞密封圈7等组成。当压缩空气进入气缸的右腔时（左腔与大气相连），压缩空气的压力作用在活塞的右侧，当作用力克服活塞杆上的负载时，活塞杆伸出；当压缩空气进入左腔时（右腔与大气相连），推动活塞右移，活塞杆收回。双作用气缸的符号及实物如图2-1-11所示。

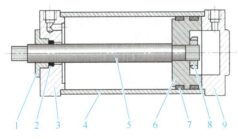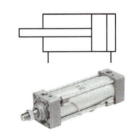

图2-1-10　双作用单杆气缸

图2-1-11　双作用气缸的符号及实物

1—压盖　2—防尘密封圈　3—前缸盖　4—缸筒　5—活塞杆
6—活塞　7—活塞密封圈　8—螺母　9—后缸盖

 任务实施

子任务二　智能送料单元的检测及调试

※ 任务描述

本任务主要以自动化生产线平台为载体，通过对自动化生产线平台的结构观察、操作运行，认识各功能单元模块的结构配置和功能，识别相关传感器，了解气路系统，体验自动化生产线平台的工作过程。

※ 任务目标

1. 能根据自动化生产线的相关资料，识别各单元模块的结构配置和功能。

2. 通过观察实际实训设备，识别相关传感器等器件，认识气路系统等内容。

3. 在教师的指导下，体验自动化生产线的运行工作过程，让学生对生产线、智能装备等从感性认识到实际了解。

※ 设备及工具

设备及工具见表 2-1-5。

表 2-1-5　设备及工具

序号	设备及工具	数量
1	自动化生产线（设备）	1 台
2	三菱 PLC 编程软件：GX Developer	1 套
3	万用表	1 个
4	内六角螺丝刀、一字螺丝刀、十字螺丝刀、斜口钳等	1 套
5	导线、排线等	1 套

实训活页一　电气元器件的安装

一、电气控制原理图的识读及绘制

1. 电气控制原理图的识读

电气控制原理图是用国家统一规定的图形符号，把仪器及各种电器设备按电路原理合理地连接起来，然后再进行适当排列而绘制出的图。它是反映电路的结构组成及各元器件间的连接关系示意图。要读懂电路控制原理图，首先要熟悉各元器件的图形符号及其功能作用，熟悉各部分电路的工作原理，再按适当的方法进行识读。

（1）与 PLC 相连接的常用元器件符号

PLC 的输入、输出信号可以是开关量、数字量或模拟量，其中最普遍应用的是开关量。PLC 开关量输入设备有两种形式：一种是无源开关，如各种按钮、继电器触点、控制开关等；另一种是有源开关，如各种接近开关、编码器、光电开关等。PLC 开关量输出通常用三种形式：继电器输出、晶体管输出和双向晶闸管输出。由于 PLC 每个输出点的负载能力较小，因此一般能直接驱动很小功率的执行机构，或驱动控制执行机构的接触器线圈或指示灯。

（2）PLC 电气控制原理图的组成

PLC 电气控制原理图由电源供电电路、输入电路和输出电路三部分组成。其中 PLC 的电源供电电路很简单，只有输入电路和输出电路与具体输入信号和输出所带负载有关。

（3）PLC 的 I/O 模块的外部接线方式

PLC 模块的输入端子一般采用汇点式接线方式（见图 2-1-12）；输出端子的接线一般根据负载不同分组，采用分组式接线方式（见图 2-1-13）或分割式接线方式（见图 2-1-14）。三菱 FX2N–48MR PLC 的输出端子具体分为 5 个组，具体分法是：Y0 ～ Y3、Y4 ～ Y7、Y10 ～ Y13、Y14 ～ Y17、Y20 ～ Y27，如果要将其中的几组合成一组，则将其 COM 端短接即可。

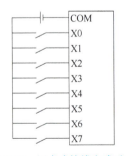

图 2-1-12　汇点式接线方式示意图

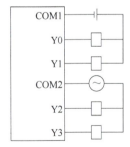

图 2-1-13　分组式接线方式示意图

2. 电气控制原理图的绘制

电气控制原理图是根据所要达到的控制过程需要的控制信号和被控制设备及控制要求绘制出来的，因此，绘制电气控制原理图首先要分析控制过程和控制要求，然后按一定的步骤来完成。设计 PLC 的电气控制原理图，首先要了解输入/输出信号的性质和相关要求，然后再根据所选用的 PLC 来合理地安排输入/输出地址，最后才能完成电气原理图的设计。

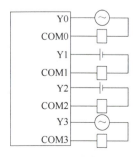

图 2-1-14　分割式接线方式示意图

（1）输入 / 输出点数

根据要实现的具体工作过程和控制要求理清有哪些输入量，需要控制哪些对象，输入量的个数即所需要的输入点数，需要控制的对象所需要的信号数即所需要的输出点数。

（2）PLC 的输入 / 输出地址分配表

输入 / 输出地址分配表是根据控制要求中需要的输入信号和所要控制的设备来确定 PLC 的各输入 / 输出端子分别对应哪些输入 / 输出信号或设备所列出的表。

（3）绘制电气控制原理图的要求

在绘制电气控制原理图时，首先要求整体布局合理，一般是左边为输入电路，右边为输出电路，或者下边为输入电路，上边为输出电路，主要控制元件位于中间位置；其次要求所画原理图正确；最后，所用元器件的图形符号应符合国家标准，要求对所用元器件进行标注和说明，并对所有连线进行编号。

二、电气线路的安装工艺要求

1）根据行线多少和导线截面积，估算和确定槽板的规格型号。配线后，宜使导线占有槽板内空间容积的 70% 左右。

2）规划槽板的走向，并按一定合理尺寸裁割槽板。

3）槽板换向应拐直角弯，衔接方式宜用横、竖各 45° 对插方式。

4）槽板与器件之间的间隔要适当，以方便压线和换件。

5）槽板安装要紧固可靠，避免敲打而引起破裂。

6）所有行线的两端，应无一遗漏地、正确地套装与原理图一致编号的线头码。这一点比板前配线方式要求得更为严格。

7）应避免槽板内的行线过短而拉紧，应留有少量裕度。槽板内的行线也应尽量减少交叉。

8）穿出槽板的行线，要尽量保持横平竖直、间隔均匀、高低一致，避免交叉。

三、电气元器件的安装

（一）气缸的安装

应根据负荷运动方向决定气缸的安装形式，见表 2-1-6。

表 2-1-6　气缸的安装形式

负荷运动方向	安装形式	注意事项
作业时负荷做直线运动	底座型 法兰型	固定气缸本体，使负荷的运动方向和活塞的运动方向在同一轴线上或平行
	轴销型 耳环型	行程过长，或负荷的运动方向和活塞的运动方向不平行，而且不在同一方向上，采用轴销型或耳环型的安装形式 注意不对活塞杆和轴承施加横向载荷
动作中负荷在同一平面内摆动	轴销型 耳环型	使支撑气缸的耳环或轴销的摆动方向和负荷的摆动方向一致。另外，活塞杆前端的金属零件的摆动方向也要相同 轴承上有横向载荷时，横向载荷应在气缸输出力的 1/20 以内

气缸各种不同的安装形式如图 2-1-15 所示。

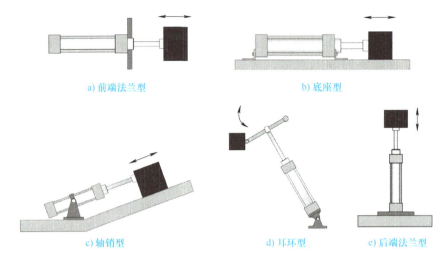

a) 前端法兰型　　　　　　　　　　　b) 底座型

c) 轴销型　　　　　　　d) 耳环型　　　　　　e) 后端法兰型

图 2-1-15　气缸各种不同的安装形式

（二）磁性开关的安装

磁性开关可以直接安装在气缸缸体上，用来检测气缸活塞位置，即检测活塞的运动行程。图 2-1-16 是磁性开关安装图。

图 2-1-16　磁性开关安装图

（三）光纤传感器的安装

1. 光纤传感器的拆装

光纤传感器由放大器单元、配线接插件单元和光纤单元三个组件组成，其安装相对于电感式传感器、电容式传感器要复杂一些，下面分别介绍光纤传感器三个组件的拆装。

（1）放大器单元的安装与拆卸

将光纤传感器放大器单元中与光纤单元相连接的一侧的钩爪嵌入固定导轨后，再压下直到挂钩完全锁定，如图 2-1-17 所示。

如图 2-1-18 所示，压住 1 方向后，将光纤传感器插入部往 2 的方向提，即可将放大器单元拆卸下来。

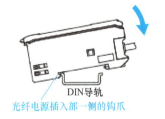

DIN导轨

光纤电源插入部一侧的钩爪

图 2-1-17　放大器单元的安装

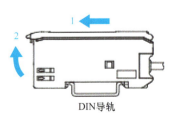

DIN导轨

图 2-1-18　放大器单元的拆卸

（2）配线接插件单元的连接与拆卸

将配线插件单元插入放大器单元的母接插件中，直到发出"咔"的声音，如图 2-1-19 所示。

滑动子接插件，按下接插件的锁定拨杆，使母/子接插件完全分离，如图 2-1-20 所示。

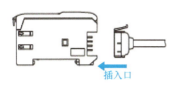

图 2-1-19　配线插接件单元的连接

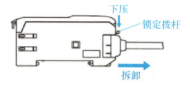

图 2-1-20　配线接插件单元的拆卸

（3）光纤单元的安装与拆卸

按 1 打开保护罩，按 2 打开锁定拨杆，按 3 将光纤插入放大器单元插入口并确保插到底部，再按 4 将锁定拨杆拨回原来位置固定住光纤，最后盖上保护罩，如图 2-1-21 所示。

光纤的插入位置要到位，具体位置要求如图 2-1-22 所示。如不完全插入，可能会引起检测距离下降。

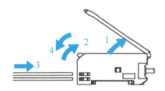

图 2-1-21　光纤单元的安装

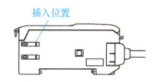

图 2-1-22　光纤单元的插入位置

打开保护罩，解除锁定拨杆，然后拔出光纤，如图 2-1-23 所示。

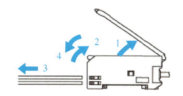

图 2-1-23　光纤单元拆卸示意图

2. 光纤传感器灵敏度的调节

智能送料系统中用到了一个光纤传感器，它的放大器单元如图 2-1-5 所示，是光量条显示带旋钮设定型放大器。它带有 8 个档位的灵敏度调节旋钮，通过定时开关可以开/关 40ms 延时断电；利用动作模式切换开关可以进行常开输出和常闭输出的切换。这种放大器还具有电源逆接保护和输出短路保护功能。

这种光纤传感器反射入光量与放大器入光量指示灯的关系见表 2-1-7。

表 2-1-7　入光量与放大器入光量指示灯的关系

入光量指示灯显示	说明
	入光量为动作所需光量的 80%～90%，无输出信号

（续）

入光量指示灯显示	说明
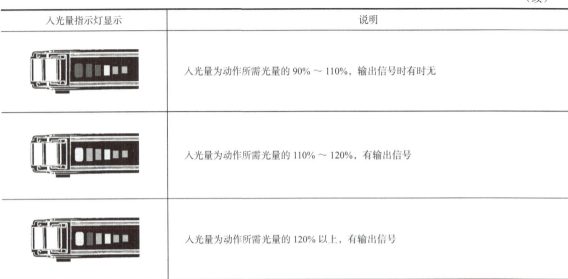	入光量为动作所需光量的90% ～ 110%，输出信号时有时无
	入光量为动作所需光量的110% ～ 120%，有输出信号
	入光量为动作所需光量的120% 以上，有输出信号

实训活页二　电气线路的安装及硬件调试

一、气路安装及调试

1. 气管的连接与绑扎

气动系统的安装首先应保证运行可靠、布局合理、安装工艺正确，方便将来维修检测。根据气动原理图对气路进行连接，一般采用紫铜管卡套式连接和尼龙软管快插式连接两种，套式接头安装牢固可靠，常用于定型产品。本任务自动化生产线设备采用是尼龙软管快插式，如图 2-1-24 所示。

2. 安装工艺及步骤

1）按图核对元器件的型号和规格，认清各气动元器件的进、出口方向。

2）根据各元器件在工作台上的位置量出各元器件间所需管子的长度，长度选取要合理，避免气管过长或过短。

3）走线尽量避开设备工作区域，防止对设备动作干扰；气管应利用塑料扎带绑扎起来，绑扎间距为 50 ～ 80mm，间距均匀。

4）注意压力表要垂直安装，表面朝向要便于观察。

3. 气路检查与元器件动作调试

气路连接结束后，在通气前需要确认气路连接正确，符合工艺要求。打开气源开关，缓缓调节调压阀使压力逐渐升高至 0.4MPa 左右，再检查每一个管接头处是否有漏气现象。如有，必须先把它排除，确保通气后各个气缸能回到初始位置。对每一路的电磁阀进行手动换向和通电换向。最后，通过调节气压和节流阀来调节气缸的运动速度，使各个气缸平稳运行，速度基本保持一致。

4. 气路图的识读

智能送料单元的气路图如图 2-1-25 所示。送料单元的气动控制主要由一个二位五通电磁阀、一个送料气缸组成。气缸活塞杆的初始状态为缩回状态，给电磁阀供电后，气缸活塞杆伸出，把工件推出传送带。

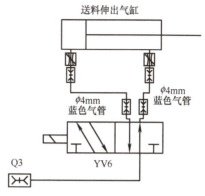

图 2-1-25　智能送料单元气路图

图 2-1-24　尼龙软管快插式

二、电路安装及调试

1. 传感器的电路连接

传感器的输出方式不同，电路连接也有些差异，但输出方式相同的传感器的电路连接方式相同。实训装置或实验中使用的传感器有直流二线式和直流三线式两种，其中光电传感器、电感式传感器、电容式传感器、光纤传感器均为直流三线式传感器，磁性传感器为直流二线式传感器。

直流三线式传感器有棕色、蓝色和黑色三根连接线，其中两根线接直流电源（棕色线（BN）接直流电源"+"极，蓝色线（BU）接直流电源"–"极），黑色线（BK）为信号线，接信号输入端。直流二线式传感器有蓝色和棕色两根连接线，其中蓝色线（BU）接公共端，棕色线（BN）接信号输入端。传感器电路连接示意图如图 2-1-26 所示。

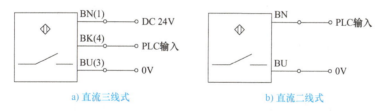

a) 直流三线式　　　　　　　　　　b) 直流二线式

图 2-1-26　传感器电路连接示意图

2. 电路的安装工艺要求

1）连接导线选用正确。

2）电路各连接点连接可靠、牢固，外露铜丝最长不能超过 2mm。

3）进接线排的导线都要编号，并套好号码管。

4）同一接线端子的连接导线最多不能超过两根。

3. 光纤传感器的电路连接

所需安装的光纤传感器的工作电压为 DC 10 ~ 30V，安装时要保证给光纤传感器提供合适的工作电压，一般我们选用 DC 24V 的电源给传感器供电。进行电路安装时，将棕色线接电源的"+"极，蓝色线接电源的"–"极，黑色线接信号输入端。当传感器用来为 PLC 提供信号时，可按如图 2-1-26a 所示的电气原理图接线。

连接线路时，传感器的引出线一般通过接线端子排与电源及 PLC 相连接，具体的连接方法和步骤可参考表 2-1-8。

表 2-1-8　光纤传感器电路连接的方法和步骤

序号	操作	示意图
1	将传感器的引出线套好号码管，连接到接线端子	
2	按照接线原理图连接电源线，即将接棕色线的接线端子 34 号与电源"+"极相接，将接蓝色线的接线端子 36 号与电源"−"极相接	
3	连接信号线，即将接传感器黑色线的接线端子 35 号与 PLC 的输入端子相连	

4. 光纤传感器的调试

光纤传感器不仅能检测到是否有工件，还可以区分不同颜色的工件，因此除了要求其安装位置、方法和安装线路正确，传感器本身完好外，还要求其灵敏度调节准确，这样才能达到要求的检测目的。如果要求区分不同颜色，就要对不同的工件进行调试。具体的调试步骤如下：

1）接通电源前，检查传感器的安装是否牢固。

2）检查电路连接是否满足工艺要求，并用万用表检测电路连接是否可靠。

3）将工作模式切换开关置于"L"（光纤传感器有"L"和"D"两种工作模式可供选择，当置于"L"时为常开工作模式，当置于"D"时为常闭工作模式）。

4）在确保电路连接正确后接通电源，电源接通后观察到光纤传感器有指示灯亮，表示电源电路连接正确。

5）调整光纤传感器的灵敏度，使其能正确地产生检测信号。光纤传感器的检测任务不同时，灵敏度要求也不同。

▶▶ 素养提升

科学严谨、标准规范的治学与工作态度

在绘制电气线路图时，元器件的命名、图形符号的绘制等都要求按照国家标准或者国际通用标准绘制。若绘图过程中不严谨，错漏百出，轻者会造成看图失误，更甚者会造成所完成的设备不能满足要求，造成经济损失。因此，我们要有科学严谨、标准规范的治学与工作态度，这样才能在工作或生活做出更大贡献。

实训活页三　PLC 程序编写及调试

一、任务描述

按下启动按钮后系统启动，送料装置感应到工件后将工件推出，随后缩回；当按下停止按钮后，送料装置停止工作。

二、PLC 的 I/O 接线图

1. I/O 分配表

由控制要求可知，在本任务中，提供 4 个输入信号：启动按钮、停止按钮、送料杆后限位、工件检测传感器；1 个输出信号：送料气缸。因此只需要 4 个输入点和 1 个输出点。根据输入、输出点数，可得智能送料单元 PLC 的 I/O 分配表见表 2-1-9。

表 2-1-9　PLC 的 I/O 分配表

输入端（I）			输出端（O）		
序号	外接元件	PLC 输入点	序号	外接元件	PLC 输出点
1	启动按钮 SB1	X3	1	送料气缸	Y21
2	停止按钮 SB2	X4			
3	送料杆后限位	X26			
4	工件检测传感器	X27			

2. 电气控制原理图

智能送料单元 PLC 的电气控制原理图，如图 2-1-27 所示。

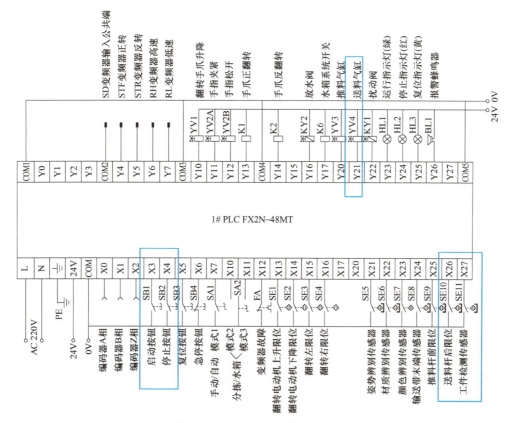

图 2-1-27　PLC 的电气控制原理图

— 41 —

根据图 2-1-27 所示的 PLC 电气控制原理图，对其简化处理后，绘制气缸送料单元的 PLC I/O 接线图，如图 2-1-28 所示。

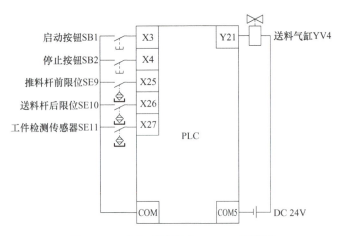

图 2-1-28　气缸送料单元 PLC I/O 接线图

三、PLC 编程及调试

根据任务要求和 I/O 分配表完成梯形图，如图 2-1-29 所示。接下来进行联机调试。

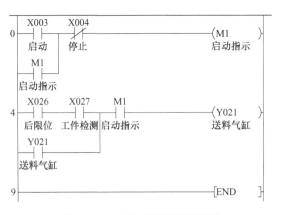

图 2-1-29　气缸送料单元梯形图

（1）接线检查

根据 PLC I/O 接线原理图再次检查接线是否正确，防止短路接线现象，还要特别留意各传感器的正确接线。

（2）通电检查

接线检查完成后，系统通电，检查控制系统有无异常，如有异常，即刻关闭电源并检查故障点并排除。

（3）程序下载

将编写好的梯形图程序下载到 PLC 中，并带载处于"监控模式"。

（4）功能调试

将 PLC 处于运行（RUN）状态。按下启动按钮 SB1，气动送料装置如检测到有工件，将送出一个工件。

 **任务评价**

1. 请对本任务所学"智能送料单元"的相关知识、技能、方法及任务实施情况等进行评价。

2. 请总结、归纳本任务学习的过程，分享、交流学习体会。

3. 填写任务评价表（见表 2-1-10）。

表 2-1-10　任务评价表

班级		学号		姓名			
任务名称	（2-1）任务一　智能送料单元的安装与硬件调试						
评价项目	评价内容	评价标准	配分	自评	组评	师评	
知识点学习	识别传感器	能正确叙述传感器的工作原理	5				
	识别电磁阀	能正确识别电磁阀，简述其原理	5				
	识别送料单元	能正确识别送料单元	5				
	识别气缸	能正确识别不同类型气缸	5				
	识别三菱 PLC	能简述三菱 PLC 的工作原理	5				
技能点训练	识读送料单元电气原理图	能正确识读电气原理图	15				
	送料模块的安装与调试	能正确对送料模块进行安装及调试	10				
	电路的调试	在实训设备上正确调试传感器等器件	10				
	气路的调试	在实训设备上正确调试气路元器件等	10				
	程序编写及调试	按照模块功能正确编写及调试程序，实现模块功能	15				
思政点领会	科学严谨、标准规范	按照标准命名及绘制电路图，注意培养科学严谨的工作态度	5				
专业素养养成	安全文明操作	规范使用设备及工具	10				
	6S 管理	设备、仪表、工具摆放合理					
	团队协作能力	积极参与，团结协作					
	语言沟通表达能力	表达清晰，正确展示					
	责任心	态度端正，认真完成任务					
合计			100				
教师签名			日期				

总结提升

一、任务总结

1. 传感器技术是精密机械测量技术、半导体技术、信息技术、微电子学、光学、声学、仿生学和材料科学等众多学科相互交叉的综合性和高新技术密集型前沿技术之一，是现代新技术革命和信息社会的重要基础，是自动检测和自动控制不可缺少的重要组成部分。

2. 气缸是气压传动系统的执行元件，它是将压缩空气的压力能转换为机械能。气缸有做往复直线运动的和做往复摆动的两类。

3. 可编程控制器（PLC）是在继电顺序控制基础上发展起来的以微处理器为核心的通用工业自动化控制装置。

二、思考与练习

1. 填空题

（1）_____指能按规定要求和既定程序进行运作，人只需要确定控制的要求和程序，不用直接操作的送料机构。

（2）_____用于感知外部信息，用于检测位置、颜色等信息，并且把相应的信号输入给 PLC 等控制器进行处理。在自动化生产线的智能送料模块，使用到的传感器有磁性开关。

（3）电磁控制根据阀芯复位的控制方式可分为_____和_____。

（4）将压缩空气的压力能转化为机械能，驱动机构做直线往复运动、摆动和旋转运动的元件叫_____。

2. 选择题

（1）（　　）利用电磁线圈产生的电磁力的作用，推动阀芯切换，实现气流的换向。

A. 传感器　　　　B. 气缸　　　　C. 电磁阀　　　　D. PLC

（2）可编程控制器的基本构成有输入/输出接口电路、CPU、ROM、RAM 和（　　）。

A. 电源　　　　B. 开关　　　　C. 计算机　　　　D. 触摸屏

（3）传感器的电路连接方式有直流二线式和（　　）。

A. 直流一线式　　B. 直流四线式　　C. 直流五线式　　D. 直流三线式

3. 简答题

（1）简述传感器的定义及其工作原理。

（2）简述电磁阀的分类及工作原理。

（3）简述气缸的分类及常见气缸的工作原理。

任务二　智能输送单元的安装及调试

▶ 知识目标

1. 掌握生产线输送带的器件识别。

2. 了解制造装备中智能输送带的工作原理。

3. 掌握智能输送单元核心器件变频器的基本结构、工作原理及外观结构。

4. 掌握常用传感器、三菱变频器等的使用方法。

5. 了解变频器的产品使用手册，掌握变频器系统原理图，理解外部端子接线图的意义，能进行电气接线。

▶ 能力目标

1. 能正确规范设置变频器，熟悉操作面板的操作使用。

2. 懂得变频器常用基本参数的意义和预置。

3. 查阅变频器资料，熟悉变频器的各种运行模式的操作及运行。

4. 能综合应用变频器与 PLC 控制，学会实现多段速运行控制的方法。

5. 能按照功能编写及调试程序，学会输送带变频驱动运行调试的实际操作。

素养目标

1. 培养学生动手操作能力，劳动创造价值。

2. 培养学生爱国情怀。

3. 培养学生爱岗敬业、勤学好问、较强责任意识的职业素养。

4. 使学生养成良好的职业道德和职业行为习惯，自觉遵守教学和企业规章制度、劳动纪律，按时按质自觉地完成工作任务。

规范标准（国家标准、行业标准、JIS工艺标准等）

1. GB/T 786.1—2021《流体传动系统及元件　图形符号和回路图　第 1 部分：图形符号》

2. GB/T 4728.1—2018《电气简图用图形符号　第 1 部分：一般要求》

3. GB/T 12350—2022《小功率电动机的安全要求》

4. GB/T 12668 系列标准《调速电气传动系统》

5. JIS B3501—2004《可编程控制器——一般信息》

▶▶ 学习情境

人类最早靠双手搬运物体，后来开始用简单的工具及多人合作搬运，如多人利用绳索和木棍抬，还有将物体放在原木上滚动搬运。后来人类开始学会了利用天然资源来提供能量远距离的输送物体，如使用水和风。19 世纪，随着工业革命和新技术的到来，开始大量出现各种输送设备，不但减轻了劳动者的强度，同时也提高了搬运物料的效率。

随着技术和材料的发展，输送的物体开始变得多样，如气体、液体等，输送的距离也从车间内变成城市与城市之间，甚至是国家与国家之间，而输送设备也成了社会中不可或缺的设备。图 2-2-1 所示为物流行业使用的智能输送设备。

图 2-2-1　物流行业使用的智能输送设备

 **获取信息**

子任务一　智能输送单元认知

※ 任务描述

通过查阅智能制造装备 PLC 生产线输送单元的相关材料，与智能装备单片机应用技术智能输送带模块进行对比，了解不同输送带控制的编程方式的区别，识别智能输送单元器件所涉及的变频器、传感器、编码器及直流电动机模块等，查阅参考资料，规范使用相关的器件及模块。

※ 任务目标

1. 通过查阅相关资料，能理解生产线输送带多段速运行控制的原理。
2. 能掌握变频器的基本结构、调速原理及外观结构。
3. 通过学习目前生产线中常用输送带变频驱动的工作原理，掌握变频器各种运行模式的操作。
4. 掌握输送带变频驱动与 PLC 综合应用实现多段速运行控制的方法。

※ 知识点

本任务知识点列表见表 2-2-1。

表 2-2-1　本任务知识点列表

序号	知识点	具体内容	知识点索引
1	智能输送单元器件识别及应用	一、变频器 1. 变频调速及变频器的原理 2. 三菱 FR-D700 系列变频器操作与应用 二、旋转编码器 1. 旋转编码器的组成 2. 旋转编码器的工作原理	新知识
2	智能输送单元 PLC 指令的应用	一、PLC 高速计数器 二、高速处理指令	新知识

知识活页一　智能输送单元器件识别及应用

◆ **问题引导**

1. 观看设备生产线输送带由哪几部分组成，这几部分的功能是什么？

2. 查阅相关资料，思考以下问题：生产线输送带是如何实现变速？变频器需要设置什么参数？设置步骤是怎样的？

3. 编码器的作用是什么？它的工作原理是怎样的？

◆ **知识学习**

一、变频器

1. 变频调速及变频器的原理

变频器主要用于交流电动机（异步电动机或同步电动机）转速的调节，是公认的交流电动机最理想、最有前途的调速方案。除了具有卓越的调速性能之外，变频器还有显著的节能作用，是企业技术改造和产品更新换代的理想调速装置。

交流异步电动机的转速表达式为

$$n=60f（1-s）/p \qquad\qquad （2-2-1）$$

式中　n——异步电动机的转速；

　　　f——异步电动机的频率；

　　　s——电动机转差率；

　　　p——电动机极对数。

由式（2-2-1）可知，交流异步电动机改变转速的方法有：

1）改变磁极对数：通过改变定子绕组的接法来实现（见图2-2-2a）。

2）改变转差率：这种方法适用于绕线转子异步电动机，通过集电环与电刷改变外接电阻值来进行调速（见图2-2-2b）。

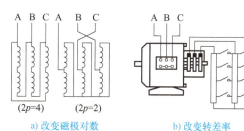

a) 改变磁极对数　　　b) 改变转差率

图 2-2-2　改变转速的两种方法

3）改变频率：由式（2-2-1）可知，转速 n 与频率 f 成正比，只要改变频率 f 即可改变电动机的转速。当频率 f 在 0～50Hz 的范围内变化时，电动机转速调节范围非常宽。变频器就是通过改变电动机电源频率实现速度调节的，是一种理想的高效率、高性能的调速手段，如图 2-2-3 所示。

2. 三菱 FR-D700 系列变频器操作与应用

（1）变频器的名称（见图 2-2-4）

图 2-2-3　通过变频器改变频率实现调速

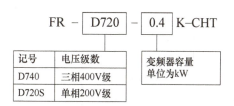

记号	电压级数
D740	三相400V级
D720S	单相200V级

图 2-2-4　变频器的名称

（2）变频器的端子

变频器的接线图如图 2-2-5 所示。

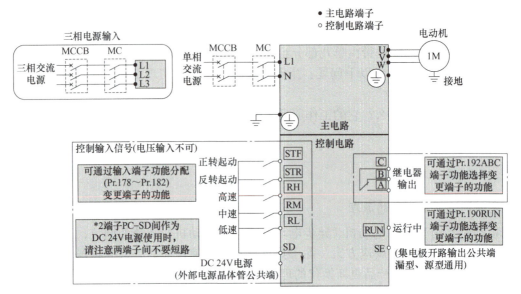

图 2-2-5　变频器的接线图

（3）变频器参数

变频器的主要参数见表 2-2-2。

表 2-2-2　变频器主要参数

参数号	名称	设定范围	出厂设定	用途
Pr.1	上限频率	0 ～ 120Hz	120Hz	设定最大和最小输出频率
Pr.2	下限频率	0 ～ 120Hz	0Hz	
Pr.4	高速	0 ～ 400Hz	50Hz	三段速设定
Pr.5	中速	0 ～ 400Hz	30Hz	
Pr.6	低速	0 ～ 400Hz	10Hz	
Pr.24	第四速	0 ～ 400Hz	9999	四～七段速设定
Pr.25	第五速	0 ～ 400Hz	9999	
Pr.26	第六速	0 ～ 400Hz	9999	
Pr.27	第七速	0 ～ 400Hz	9999	
Pr.7	加速时间	0 ～ 3600s	5s	设定加减速时间
Pr.8	减速时间	0 ～ 3600s	5s	
Pr.9	电子过电流保护	0 ～ 500A	额定输出电流	设定电子过电流保护的值，防止电动机过热或损坏变频器
Pr.14	适用负荷选择	0 ～ 3	0	选择与用途、负载特性等最适宜的输出特性
Pr.71	适用电动机	0、1、3、5、6 等	0	按适用电动机设定电子过电流保护器的热特性
Pr.77	参数写入或禁止	1，2，3	0	选择参数写入禁止或允许，用于防止参数值被意外改写
Pr.79	操作模式选择	0 ～ 4 6 ～ 8	0	用于选择变频器的操作模式
Pr.80	电动机容量	0.2 ～ 0.5kW	9999	可以选择通用磁通矢量控制

（续）

参数号	名称	设定范围	出厂设定	用途
Pr.82	电动机额定电流	0～500A	9999	当用通用磁通矢量控制时，设定为电动机的额定电流
Pr.83	电动机额定电压	0～1000V	200/400V	设定为电动机的额定电压
Pr.84	电动机额定频率	50～120Hz	50Hz	设定为电动机的额定频率
Pr.160	扩张参数显示	0	0	显示变频器的扩张参数
Pr.40	正反转设定	0/1	0/1	0正转，1反转
ALLC	全部参数恢复出厂设置	0/1	0	ALLC=1，将变频器的参数恢复到出厂设置

（4）操作面板使用

变频器操作面板可以改变监视模式，设定运行参数、显示错误、报警记录清除和参数复制等操作。

1）操作面板（见图2-2-6）。

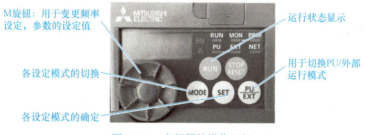

M旋钮：用于变更频率设定，参数的设定值

运行状态显示

各设定模式的切换

用于切换PU/外部运行模式

各设定模式的确定

图2-2-6　变频器的操作面板

2）监视模式。在监视模式下，监视器显示运转中的指令，EXT指示灯亮表示外部操作，PU指示灯亮表示PU操作；EXT和PU灯同时亮表示外部和PU操作组合方式，按SET键可监视在运行中的参数，该操作可切换的运行模式有"外部运行""PU运行""PUJOG运行"3种模式。电源接通时，首先进入外部运行模式，以后每按一次"PU/EXT"键，都将以"外部运行"→"PU运行"→"PUJOG运行"的顺序切换，如图2-2-7所示。

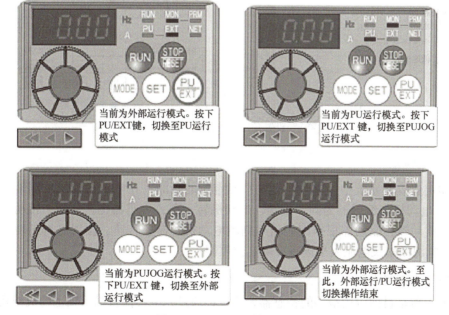

当前为外部运行模式。按下PU/EXT键，切换至PU运行模式

当前为PU运行模式。按下PU/EXT键，切换至PUJOG运行模式

当前为PUJOG运行模式。按下PU/EXT键，切换至外部运行模式

当前为外部运行模式。至此，外部运行/PU运行模式切换操作结束

图2-2-7　变频器的模式切换

3）恢复出厂设置。在设置变频器的参数前，通常需要将变频器的参数值和校准值全部初始化到出厂设定值，设置"ALLC=1"。

4）变频器的内部运行操作。

① 实现变频器的点动试运行的操作步骤。

a. 参数清零：设置 ALLC=1，将参数值和校准值全部初始化到出厂设定值。

b. 设置运行模式：按 MODE 键，旋转 M 旋钮，设置运行模式参数 Pr.79=0，按 PU/EXT 键，选择 PU 模式。

c. 设置频率：设置点动频率 Pr.15=25Hz。

d. 切换点动模式：首先进入外部运行模式（EXT），按两次 PU/EXT 键后，进入内部点动运行模式（PUJOG）。

e. 运行：按下 RUN 键，电动机运行，松开 RUN 键电动机停止运行，实现点动运行功能。

② 实现变频器的连续试运行的操作步骤。

a. 设置运行模式：按 MODE 键，旋转 M 旋钮，设置运行模式参数 Pr.79=0，按 PU/EXT 键，选择 PU 模式。

b. 参数清零：设置 ALLC=1，将参数值和校准值全部初始化到出厂设定值。

c. 设置运行方向：旋转 M 旋钮，旋到 Pr.40=0，电动机正转；旋到 Pr.40=1，电动机反转。

d. 设定运行频率：旋转 M 旋钮，将运行频率值设定为"50.00"。

e. 按下 RUN 键，电动机一直运行。直到按下 STOP/RESET 键，电动机停止运行。

5）变频器的外部运行操作。在实际应用中，电动机经常要根据各类机械的某种状态进行正转、反转、点动等运行，变频器的给定频率信号、电动机的启动信号等都是通过变频器控制端子给出，即变频器的外部运行操作。

如图 2-2-8 所示，通过端子 STF 和 STR 进行启动设定；通过端子 RH、RM、RL 进行频率设定，2 个（或 3 个）端子同时设置为 ON 时，可以设定 7 个速度。

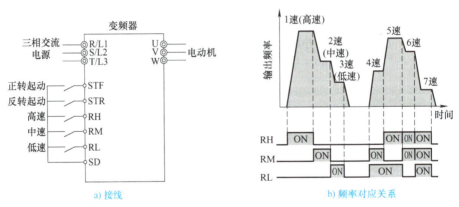

图 2-2-8　设置开关启动指令、频率指令操作

二、旋转编码器

在运动定位控制系统中，常为了达到准确定位的目的，在电动机输出轴同轴装上编码器（encoder）。电动机与编码器为同步旋转，电动机转一圈，编码器也转一圈；转动的同时将编码信号送回驱动器，驱动器根据编码信号判断电动机转向、转速、位置是否正确，据此调速驱动器输出电源频率及电流大小进行准确定位控制。

1. 旋转编码器的组成

光电编码器是目前应用最多的传感器，是一种通过光电转换将输出轴上的机械几何位移量转换成脉冲或者数字量的传感器，主要由码盘、发光器件、光敏器件、放大整形电路等组成。

2.旋转编码器的工作原理

光电编码器的工作原理如图 2-2-9 所示，在码盘上有规则的刻有透光和不透光的线条，在码盘两侧，安放发光器件和光敏器件。码盘旋转时，光敏器件输出波形经过整形后变为脉冲输出。此外，为判断旋转方向，码盘还可以提供相位相差 90° 的两路脉冲信号。

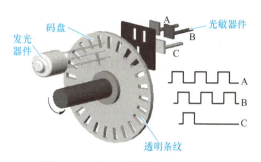

图 2-2-9　光电编码器的工作原理图

旋转编码器（见图 2-2-10）是直接利用光电转换原理输出三组方波脉冲 A、B 和 Z 相；A、B 两组脉冲相位差 90°，分别代表正转及反转，从而可方便地判断出旋转方向，而 Z 相为每转一圈发出一个脉冲，用于基准点定位。它的优点是原理构造简单，机械平均寿命可在几万小时，抗干扰能力强，可靠性高，适合长距离的传输；其缺点是无法输出轴转动的绝对位置信息。接线图如图 2-2-10c 所示。

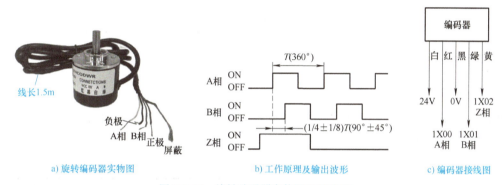

　　a) 旋转编码器实物图　　　　　　b) 工作原理及输出波形　　　　c) 编码器接线图

图 2-2-10　旋转编码器实物图及接线图

知识活页二　智能输送单元 PLC 指令的应用

◆ 问题引导

1. PLC 提供了几个高速计数器？它们分别是哪些？
2. 比较置位指令 HSCS 的功能是什么？梯形图中怎么使用？

◆ 知识学习

一、PLC 高速计数器

三菱 FX2N 系列 PLC 提供了 21 个高速计数器，元件编号为 C235～C255。高速计数器有单相单输入、单相双输入以及双相输入三种输入类型。其中单相单输入高速计数器元件编号为 C235～C240，均为 32 位高速双向计数器，计数信号输入做增计数与减计数，由特殊辅助继电器 M8235～M8240 对应设置。其输入分配关系见表 2-2-3。

表 2-2-3　计数器与输入点的对应关系表

输入端		X0	X1	X2	X3	X4	X5	X6	X7
1 相无启动 / 复位	C235	U/D							
	C236		U/D						
	C237			U/D					
	C238				U/D				
	C239					U/D			
	C240						U/D		

表中，U 表示增计数器，D 表示减计数器。计数方向由 M8235 ～ M8240 ON（减）/OFF（加）的状态决定。

单相单输入高速计数器应用如图 2-2-11 所示。

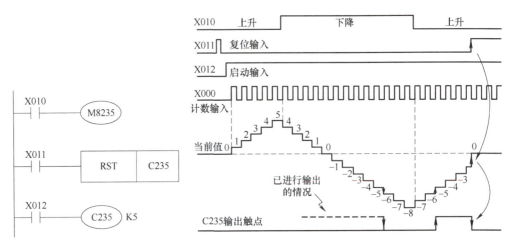

图 2-2-11　单相单输入高速计数器应用

二、高速处理指令

高速处理指令能充分利用 PLC 的高速处理能力进行中断处理，利用最新的输入、输出信息进行控制，高速处理指令见表 2-2-4。

表 2-2-4　高速处理指令表

FNC No.	指令记号	指令名称	FNC No.	指令记号	指令名称
50	REF	输入输出刷新	55	HSZ	区间比较（高速计数器）
51	REFF	滤波调整	56	SPD	脉冲密度
52	MTR	矩阵输入	57	PLSY	脉冲输出
53	HSCS	比较置位（高速计数器）	58	PWM	脉宽调制
54	HSCR	比较复位（高速计数器）	59	PLSR	可调速脉冲输出

下面仅介绍比较置位指令（高速计数器）HSCS，读者可自学其他指令。

HSCS 指令是对高速计数器当前值进行比较，并通过中断方式进行处理的指令，指令应用如图 2-2-12 所示。

图 2-2-12　比较置位指令的应用

执行 HSCS 指令，一旦 C235 的当前值从 99 变为 100 或从 101 变为 100，则 Y000 立即被置位，且向外部输出。

HSCS 指令是在脉冲送到输入端子时以中断方式进行的。如果没有脉冲输入，即使驱动输入为 ON 且比较条件 [S1·]=[S2·]，输出 YO 也不会动作。

 任务实施

子任务二　智能输送单元的检测及调试

※ 任务描述

本任务主要以自动化生产线为载体，通过对自动化生产线"智能输送单元"的结构观察、操作运行，熟悉其工作过程。识读各部分电路接线图，掌握电气接线图的识读步骤及方法，学会电路、气路的检测及调试方法。编写智能输送单元的 PLC 程序并调试，实现智能输送模块中变频器三段速度的调试功能。

※ 任务目标

1. 能根据电气线路图的识别原则，正确识读电气线路图，并能按照图样准确找到各元器件及接线端，正确写出 I/O 分配表。

2. 通过观察"智能输送单元"的实训设备，识别相关传感器、变频器及电动机等器件，学会其使用方法。

3. 通电试运行，在教师的指导下，对设备的电路进行调试，学会调试方法。

4. 在教师的引导下，通过 PLC 编程及调试，正确设置变频器实现输送带三段速运行的功能。

※ 设备及工具

设备及工具见表 2-2-5。

表 2-2-5　设备及工具

序号	设备及工具	数量
1	自动化生产线（设备）	1 台
2	万用表	1 个
3	三菱 PLC 编程软件：GX Developer	1 套
4	内六角螺丝刀、一字螺丝刀、十字螺丝刀、斜口钳等	1 套
5	相关导线、排线等	1 套

实训活页一 电气接线图的识读及线路调试

一、识读 PLC 的 I/O 接线图

智能输送单元的 I/O 接线图如图 2-2-13 所示。在本单元中，提供 2 个主令信号输入点（启动按钮、停止按钮），1 个变频器故障点，3 个编码器输入点，4 个输出点控制变频器（STF 变频器正转、STR 变频器反转、RH 变频器高速和 RL 变频器低速）。

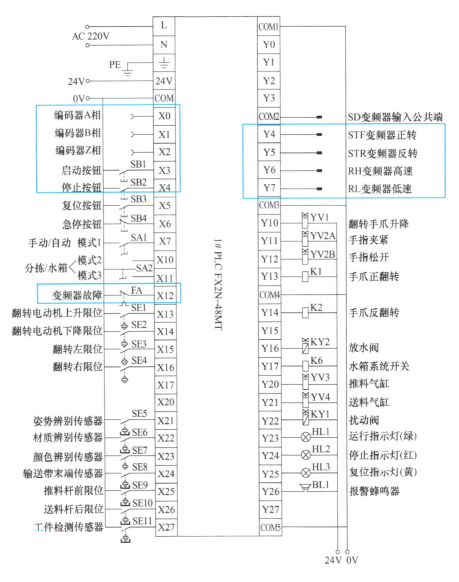

图 2-2-13 智能输送单元 I/O 接线图

根据输入、输出点数，可得智能输送单元 PLC 的 I/O 分配表，见表 2-2-6。

表 2-2-6　PLC 的 I/O 分配表

输入端（I）			输出端（O）		
序号	外接元件	PLC 输入点	序号	外接元件	PLC 输出点
1	编码器 A 相	X0	1	STF 变频器正转	Y4
2	编码器 B 相	X1	2	STR 变频器反转	Y5
3	编码器 Z 相	X2	3	RH 变频器高速	Y6
4	变频器故障 FA	X12	4	RL 变频器低速	Y7
5	启动按钮 SB1	X3			
6	停止按钮 SB2	X4			

二、电气线路的检测及调试

在使用设备前，首先要检查电源电路是否安装正确，确认电源安装正确后，再通电试运行。根据一般检测方法，使用万用表对各输入点和输出点的连接进行简单的信号测试，并将结果填入表 2-2-7。

表 2-2-7　信号检测及调试

序号	对应的传感器或器件		对应的 I/O 接口	检测 PLC 的 I/O 口信号是否正确（正确打 "√" 或有误请记录）
1	编码器	编码器 A 相	X0	
2		编码器 B 相	X1	
3		编码器 Z 相	X2	
4	启动按钮 SB1		X3	
5	停止按钮 SB2		X4	
6	变频器	变频器故障 FA	X12	
7		STF 变频器正转	Y4	
8		STR 变频器反转	Y5	
9		RH 变频器高速	Y6	
10		RL 变频器低速	Y7	

实训活页二　PLC 程序编写及调试

一、变频器多种运行模式

1. 根据任务要求，调节变频器的多种运行模式

1）利用内部（PU）点动控制模式，对输送带进行双向点动试运行，测试输送带是否卡死；要求向前频率为 10Hz，向后频率为 8Hz。

2）利用内部（PU）控制模式，对输送带进行向前单向连续试运行，测试输送带在各种速度下的运行状态。要求从 5Hz 起动一直升速至 50Hz，刚起动时输送带放置 5 个工件能平稳运行 5s。

3）利用内部（PU）控制模式，通过设置变频器控制输送带向后低速（10Hz）、向前中速（20Hz）和向前高速（30Hz）三段速的运行功能测试；要求输送带运行频率不能高于 40Hz 和低于 5Hz，起动频率为 3Hz，频率加减速时间为 1.5s，输送带电动机必须设置电子过电流保护（1A），运行后变频器禁止改变参数。

4）模拟变频器出现异常情况，可将 Pr.9 电子过电流保护设成 0.01A，过 1min 左右，会出现报警。

2. 变频器调试步骤及参数设置

以小组为单位，在小组内通过分析、对比、讨论决策出最优的实施步骤方案，由小组长进行任务分工，完成工作任务，填写表 2-2-8。

表 2-2-8　变频器调试步骤及参数设置

调试步骤	参数号	备注
1. 双向点动试运行		
2. 单向前行连续试运行		
3. PLC 程序实现三段速运行		
4. 模拟变频器出现异常情况		

3. 调试变频器

第一步：双向点动试运行。

变频器通电后，将运行模式设置处于内部控制状态（PU 模式），先进行参数全部清零（ALLC）操作，再根据任务要求设置相关参数，再将状态切换至内部（PU）点动控制模式，最后按 RUN 键对输送带进行双向点动试运行。

第二步：单向前行连续试运行。

再次切换至内部控制状态（PU 模式），进行参数全部清零（ALLC）操作，再根据任务要求设置相关参数，最后按 RUN 键及旋动变频器旋钮，可对输送带进行向前单向连续试运行，测试输送带在各种速度下的运行状态。

第三步：PLC 程序实现三段速运行。

根据以上设计好的实施方案，把编制好的程序下载到 PLC 中；将变频器处于内部控制状态（PU 模式），进行参数全部清零（ALLC）操作，根据任务要求设置相关参数，再将状态切换至外部控制状态（EXT 模式），最后按 RUN，即可进行 PLC 程序控制三段速运行的调试。

第四步：模拟变频器出现异常情况。

将变频器处于内部控制状态（PU 模式），修改"变频器禁止改变参数"；再将 Pr.9 电子过电流保护设成 0.01A，按"PLC 程序实现三段速运行"步骤启动输送带，过 1min 左右会出现报警，输送带停止运行，将变频器断电、再上电，将清除报警。

素养提升

树立规矩意识，切实做好安全生产

做任何事情都要有规矩，懂规矩，守规矩。放眼安全生产，也有属于行业的"规矩"，抓安全生产，就得人人"走心"，凡事都要有"较真劲儿"的规矩，树立起"安全生产，人人有责！"的责任意识。

在制订工作任务的实施方案后，我们也需要守规矩，规范操作，有安全意识。在使用实训设备时，需要经教师检验可行同意后，才能接通生产线系统电源，进行生产线输送带变频驱动的运行调试操作。操作时严格遵守安全操作规则，结合任务要求和计划完成调试操作。

二、实现输送带三段速运行

1. 运行要求

设置一台用 PLC 开关信号控制的三段速度的电动机，其运行要求如下：

1）三段速度对应的频率：12Hz、32Hz、55Hz（相关设定参数 Pr.=6、Pr.=25、Pr.=4）。

2）起动时间为 1.5s，停止时间为 1s（相关设定参数 Pr.=7、Pr.=8）。

2. 实训步骤

1）PLC 的 I/O 分配（见表 2-2-9）。

表 2-2-9　PLC 的 I/O 分配表

输入端（I）		输出端（O）	
外接元件	输入继电器地址	外接元件	输出继电器地址
启动按钮 SB1	X3	变频器 STF 端子	Y4
停止按钮 SB2	X4	变频器 STR 端子	Y5
		变频器 RH 端子	Y6
		变频器 RL 端子	Y7

2）PLC 的 I/O 接线图。选用 2 个按钮和变频器进行接线，具体如图 2-2-13 所示。

3）编写及调试三段速 PLC 控制程序（见图 2-2-14）。

三、使用编码器测试输送带运行位置

1. 要求

按下启动按钮，输送带高速正转，测试工件到达图 2-2-15 中的 A、B、C、D 四个位置时的脉冲数，并记录下来。

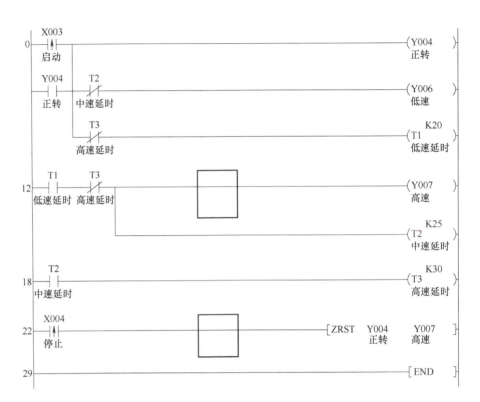

图 2-2-14　三段速 PLC 控制程序

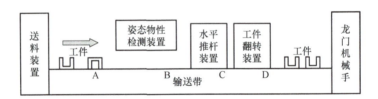

图 2-2-15　机电一体化设备模拟图

（1）I/O 分配表（见表 2-2-10）

表 2-2-10　PLC 的 I/O 分配表

输入端（I）		输出端（O）	
外接元件	输入继电器地址	外接元件	输出继电器地址
启动按钮 SB1	X3	变频器 STF 端子	Y4
停止按钮 SB2	X4	变频器 RH 端子	Y6
复位按钮 SB3	X5	红灯	Y24

（2）梯形图程序（见图 2-2-16）

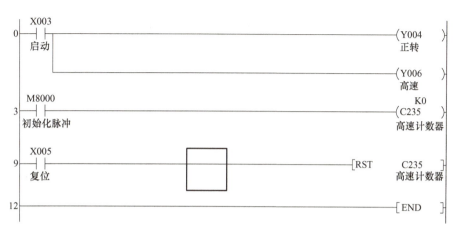

图 2-2-16　梯形图程序

（3）脉冲数记录表（见表 2-2-11）

表 2-2-11　脉冲数记录表

位置	脉冲数
A	
B	
C	
D	

2. 梯形图程序

根据上面测试的 A、B、C、D 脉冲数，以图 2-2-17 所示程序为参考，实现工件在输送带上 A、B、C、D 的定位。

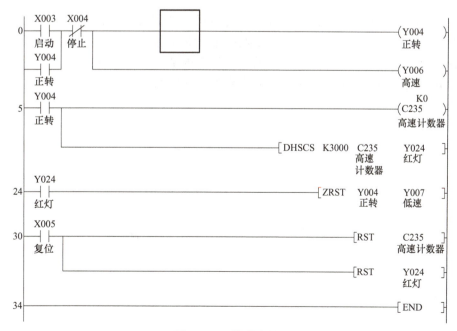

图 2-2-17　梯形图程序

▶▶ 任务思考

以图 2-2-18 所示程序为参考，实现当开关闭合时，工件停在水平推杆位置 C 上，红灯亮；当开关断开时，工件停在传感器检测区 B。

图 2-2-18　梯形图程序

▶▶ 能力拓展

在某些情况下，输送带为了避开输送带机械系统的固有频率，防止发生机械系统的共振，对变频器的运行频率在两个范围内限制运行，使得输送带在运行时能避开两个频率段：20～25Hz、40～45Hz，如图 2-2-19 所示。在利用内部（PU）控制模式，对输送带进行向前单向连续试运行的测试状态下，如何设置参数实现频率的跳变？

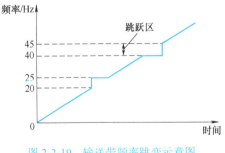

图 2-2-19　输送带频率跳变示意图

▶▶ 任务评价

1. 请对本任务所学"智能输送单元"的相关知识、技能、方法及任务实施情况等进行评价。

2. 请总结、归纳本任务学习的过程，分享、交流学习体会。

3. 填写任务评价表（见表 2-2-12）。

表 2-2-12 任务评价表

班级		学号		姓名			
任务名称	（2-2）任务二 智能输送单元的安装及调试						
评价项目	评价内容	评价标准		配分	自评	组评	师评
知识点学习	变频调速原理	正确描述变频调速的原理		5			
	变频器的接线	能正确对变频器接线		5			
	变频器设置	能正确描述变频器参数设置步骤		5			
	编码器的原理	能正确描述编码器的工作原理		5			
	高速计数器的应用	能正确编程使用 PLC 的高速计数器		5			
	HSCS 指令的应用	能正确使用比较置位指令		5			
技能点训练	识读各部分电气接线图	能正确识读电路接线图		15			
	识图找电气元器件的接口及位置	能在实训设备上正确识别各元器件及接口		10			
	电路的调试	在实训设备上正确调试变频器、按钮等器件		10			
	程序编写及调试	按照模块功能正确编写及调试程序，实现模块功能		20			
思政点领会	树立规矩意识，切实做好安全生产	在实训的准备、过程，体会规矩意识，落实实训步骤，切实做好安全生产		5			
专业素养养成	安全文明操作	规范使用设备及工具		10			
	6S 管理	设备、仪表、工具摆放合理					
	团队协作能力	积极参与，团结协作					
	语言沟通表达能力	表达清晰，正确展示					
	责任心	态度端正，认真完成任务					
合计				100			
教师签名				日期			

▶▶ 总结提升

一、任务总结

1. 变频器主要用于交流电动机（异步电动机或同步电动机）转速的调节，通过改变电动机电源频率实现速度调节，是一种理想的高效率、高性能的调速手段。

2. 通用变频器由主电路和控制电路组成，主电路包括整流器、中间直流环节和逆变器。控制电路由运算电路、检测电路、控制信号的输入 / 输出电路和驱动电路组成。

3. Pr.79=0 实现"切换模式"的控制，可切换的运行模式有"外部运行""PU 运行""PUJOG"3 种模式。

4. 参数全部清零（ALLC）的功能：将参数值和校准值全部初始化到出厂设定值。

5. 多段速度运行，采用设置功能参数（Pr.4 ～ Pr.6、Pr.24 ～ Pr.27）的方法将多种速度先行设定，运行时通过 RH、RM、RL 的通断组合最多可选择七段速度。

6. 光电编码器是一种通过光电转换将输出轴上的机械几何位移量转换成脉冲或者数字量的传感器。

7. 三菱 FX2N 系列 PLC 提供了 21 个高速计数器，元件编号为 C235 ～ C255。

8. HSCS 指令是对高速计数器当前值进行比较，并通过中断方式进行处理的指令。

二、思考与练习

1. 填空题

（1）_____主要用于交流电动机（异步电动机或同步电动机）转速的调节。

（2）通用变频器的主电路包括_____、_____和_____。

（3）_____是一种利用磁场信号来控制的线路开关器件。

（4）_____是一种通过光电转换将输出轴上的机械几何位移量转换成脉冲或者数字量的传感器。

2. 选择题

（1）参数全部清零（ALLC）的功能是将（　　）全部初始化到出厂设定值。

A. 参数值　　　　　B. 数据　　　　　　C. 校准值　　　　　D. 参数值和校准值

（2）（　　）实现"切换模式"的控制，可切换的运行模式有"外部运行""PU 运行"和"PUJOG"3 种模式。

A. Pr.79=0　　　　B. Pr.79=3　　　　C. Pr.160=0　　　　D. Pr.79=2

（3）三菱 FX2N 系列 PLC 提供了 21 个高速计数器，元件编号为（　　）。

A. C200 ～ C255　B. C100 ～ C200　C. C235 ～ C255　D. C255

（4）多段速度运行，采用设置功能参数（　　）的方法将多种速度先行设定。

A. Pr.4 ～ Pr.6、Pr.24 ～ Pr.27　　　B. Pr.4 ～ Pr.6　　C. Pr.79　　D. Pr.24 ～ Pr.27

3. 简答题

（1）简述变频器的作用及工作原理。

（2）简述变频器的接线方法。

（3）简述运行模式选择 Pr.79 的功能及设置方法。

（4）简述多段速度运行的设置方法。

（5）简述光电编码器的工作原理。

（6）简述输送带三段速运行的功能，写出程序编写的思路。

任务三　智能分拣单元的装调及应用

知识目标

1. 掌握分拣单元的传感器检测系统功能、原理和特点。

2. 了解翻转机械手的工作原理。

3. 了解生产线工控系统配置，掌握 PLC 的 I/O 接线图的意义和 PLC 外部元器件电气控制的特点。

4. 掌握 PLC 程序各种停止控制方法。

▶ 能力目标

1. 能指出分拣单元姿态传感器及颜色传感器的位置和灵敏度调节方法。
2. 懂得检查和调整分拣单元机械元件相关的位置，气动元件气阀的开度。
3. 理解本工作任务的设计思路，学会分拣单元控制系统的设计及系统的整体综合调试。
4. 能按照功能进行智能制造装备系统程序编写，并结合设备进行调试。

▶ 素养目标

1. 培养学生严谨细致的工匠精神。
2. 编写程序需要培养学生独立思考和分析的能力。
3. 培养学生团队合作共赢的职业素养。
4. 自觉遵守教学和企业规章制度、劳动纪律，使学生养成良好的职业道德和职业行为习惯，按时按质自觉地完成工作任务。

▶ 规范标准（国家标准、行业标准、JIS工艺标准等）

1. GB/T 786.1—2021《流体传动系统及元件　图形符号和回路图　第 1 部分：图形符号》
2. GB/T 4728.1—2018《电气简图用图形符号　第 1 部分：一般要求》
3. GB/T 12350—2022《小功率电动机的安全要求》
4. GB/T 12668 系列标准《调速电气传动系统》
5. JIS B3501—2004《可编程控制器——一般信息》

▶▶ 学习情境

在没有实现自动化分拣之前，人们要对产品进行分拣，都是在流水线的两旁围着几十个分拣员，采用人工分拣的方式进行，这种方式存在分拣速度慢、出错率比较大、人工成本高等缺点。

随着智能技术的发展，人工智能更多应用在各大产业链上，在产业链中的智能分拣系统（见图 2-3-1），会自动判断出现在机器下方的物品是否需要分拣出来，甚至有的机器可以判断出物品的好坏，再进行下一步分拣动作。智能分拣不仅降低人工成本，还可以二十四小时不间断工作，提高了工作效率，为人们带来了很大的便捷性。分拣的方式也会随着行业或生产线不同而采用不同方式，如在物流行业可采用流水线自动分拣或机械手自动分拣方式。

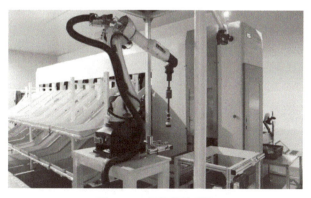

图 2-3-1　智能分拣系统

▶▶ 获取信息

子任务一 智能分拣单元认知

※ 任务描述

通过查阅智能制造装备 PLC 生产线自动分拣系统的相关材料，了解智能制造装备设备中分拣系统的工作过程，主要有正常停机与急停、输送带的运行、工件材质判别与分拣、指示灯功能等程序的设计；变频器相关参数的设定；传感器位置和灵敏度的调整；机械位置的调整；气动系统运行时的调节；系统的整体综合调试。

※ 任务目标

1. 通过查阅相关资料，能理解生产线分拣系统的工作原理。
2. 能区分掌握姿态传感器及颜色传感器的位置及灵敏度的调节方法。
3. 理解翻转机械手的工作原理及学会翻转机械手的调节。
4. 学会停止控制的程序编写方法。

※ 知识点

本任务知识点列表见表 2-3-1。

表 2-3-1　本任务知识点列表

知识点	具体内容	知识点索引
智能分拣单元器件识别及应用	一、传感器 1. 电感式传感器 2. 漫反射光电传感器 3. 电容式传感器 二、翻转机械手 1. 气动手指 2. 翻转电动机 三、停止控制的方法 1. 用"启保停"电路停止的控制方法 2. 用应用指令 ZRST 块复位（FNC40）实现停止的控制方法 3. 用特殊辅助继电器 M8031 进行停止的控制方法 4. 使用 MC—MCR 指令进行停止的控制方法 5. 状态流程序中对于设备紧急停止的要求	新知识

知识活页　智能分拣单元器件识别及应用

◆ **问题引导**

1. 观看视频，思考设备生产线是如何实现工件的自动分拣的。
2. 查阅相关资料，说出设备生产线实现分拣由哪几部分组成。
3. 思考制造装备实现分拣功能主要用到了哪几个传感器。

◆ **知识学习**

一、传感器

本任务用到的传感器见表 2-3-2。

表 2-3-2　传感器列表

传感器名称	传感器实物图片	传感器符号	用途
电感式传感器			用于材质（金属和非金属）的辨别
漫反射光电传感器			用于工件黑、白颜色的辨别
电容式传感器			用于工件正反向识别

1. 电感式传感器

（1）电感式传感器功能简介

电感式传感器又称金属接近传感器。电感式传感器对金属材质动作，对非金属材料不动作。因此，在工作过程中，如果传感器动作，系统判断该工件为金属材料的工件，反之为非金属材料的工件。电感式传感器实物如图 2-3-2 所示。

图 2-3-2　电感式传感器实物图

（2）工作原理

电感式传感器是一种利用涡流感知物体的接近开关。它的原理框图如图 2-3-3 所示，由振荡电路、检波电路、放大电路、整形电路及输出电路组成。感知敏感元件为检测线圈，它是振荡电路的一个组成部分。在检测线圈的工作面上存在一个交变磁场。当金属材料的物体接近检测线圈时，金属物体就会产生涡流而吸收振荡能量，使振荡减弱至振停。振荡与振停这两种状态经检测电路转换成开关信号输出。

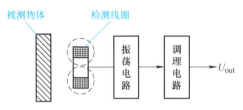

图 2-3-3　电感式传感器原理框图

（3）电感式传感器的安装

电感式传感器安装距离注意说明如图 2-3-4 所示。电感式传感器的安装方式分齐平式和非齐平式，如图 2-3-5 所示。齐平式（又称埋入式）的电感式传感器表面可与被安装的金属物件形成同一表面，不易被碰坏，但灵敏度较低；非齐平式（又称非埋入式）的电感式传感器需要把感应头露出一定高度，否则将降低灵敏度。

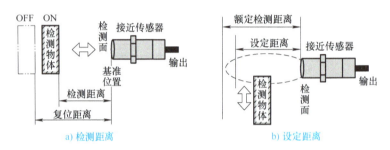

a) 检测距离　　　　　　　　　　　　b) 设定距离

图 2-3-4　电感式传感器安装距离注意说明

（4）电感式传感器的接线

电感式传感器有三根引出线，棕色线接 24V 电源线正极，蓝色线为电源线负极接 PLC 的输入公共端，黑色线为传感器的信号输出端接 PLC 的信号输入端，传感器上设置的 LED 用于显示其信号状态。

（5）电感式传感器灵敏度的调节

在传感器的选用和安装中，必须认真考虑检测距离、设定距离，或通过它的灵敏度电位器调节传感器的灵敏度，保证生产线上的传感器可靠动作。

图 2-3-5　电感式传感器的安装方式

使用时可调整安装位置，细心设定检测距离，或通过它的灵敏度电位器调节传感器的灵敏度，保证生产线上的传感器可靠动作。

2. 漫反射光电传感器

（1）漫反射光电传感器功能简介

漫反射光电传感器是利用光的性质，检测物体的有无或表面状态的变化等的传感器。通过把光强度的变化转换成电信号的变化来实现检测的，它的灵敏度可在一定范围内调节。对于反射性较差的黑色物体，光电传感器较难接收到反射信号；反射性良好的白色物体光电传感器可以准确接收到反射信号。系统 PLC 程序根据传感器的动作情况（黑色物体接收距离较近，白色物体接收距离较远），可做出工件的黑白物料区分，从而完成工件的颜色分辨的工序；或用来检测工件位置或工件有无。漫反射光电传感器实物如图 2-3-6 所示。

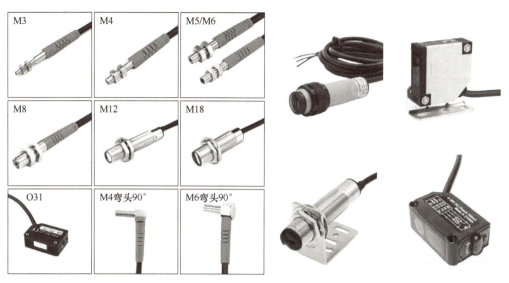

图 2-3-6 漫反射光电传感器实物

（2）漫反射光电传感器工作原理

光电开关是一种红外调制型无损检测光电传感器，采用高效果红外发光二极管、光电晶体管作为光电转换元件，主要由光发射器和光接收器构成。如果光发射器发射的光线因检测物体不同而被遮掩或反射，到达光接收器的量将会发生变化。光接收器的敏感元件将检测出这种变化，并转换为电气信号，进行输出。大多使用可视光（主要为红色，也用绿色、蓝色）和红外光。按照光接收器接收光方式的不同，光电传感器可分为对射式、反射式和漫射式三种，如图 2-3-7 所示。

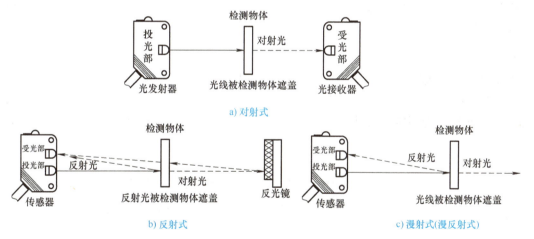

图 2-3-7 光电传感器

漫反射光电传感器是利用光照射到被测物体上后反射回来的光线而工作的，由于物体反射的光线为漫射光，故称为漫反射光电传感器（也称漫射式光电接近开关）。它的光发射器与光接收器处于同一侧位置，且为一体化结构。在工作时，光发射器始终发射检测光，若光电传感器前方一定距离内没有物体，则没有光被反射到接收器，光电传感器处于常态而不动作；反之若光电传感器的前方一定距离内出现物体，只要反射回来的光强度足够，则光接收器接收到足够的漫射光就会使光电传感器动作而改变输出的状态。

（3）漫反射光电传感器安装使用要求

以欧姆龙（OMRON）公司的 E3Z–L61 型光电传感器为例，该光电传感器是细小光束型，

NPN 型晶体管集电极开路输出。E3Z-L61 型光电传感器的外形和顶端面上的调节旋钮和显示灯如图 2-3-8 所示。

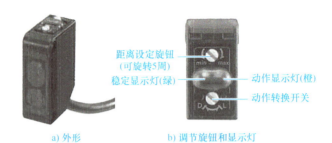

距离设定旋钮
（可旋转5周）
稳定显示灯(绿)
动作显示灯(橙)
动作转换开关

a) 外形　　　　　　　　b) 调节旋钮和显示灯

图 2-3-8　E3Z-L61 型漫反射光电传感器的外形和调节旋钮、显示灯

图中，动作调节的功能是选择受光动作（Light）或遮光动作（Drag）模式。即当此开关顺时针方向旋转到位时（L 侧），则进入检测 -ON 模式；当此开关逆时针方向充分旋转到位时（D 侧），则进入检测 -OFF 模式。

距离设定旋钮是可旋转 5 周的调节器，调整距离时注意轻微旋转，否则若过度旋转距离调节器，旋转距离调节器会空转。调整的方法是，首先按逆时针方向将距离调节器旋到最小检测距离（E3Z-L61 约为 20mm），然后根据要求距离放置检测物体，按顺时针方向逐步旋转距离调节器，找到传感器进入检测条件的点；拉开检测物体距离，按顺时针方向进一步旋转距离调节器，找到传感器再次进入检测状态的点，该点是一旦进入，逆时针旋转距离调节器，传感器回到非检测状态的点。两点之间的中点为稳定检测物体的最佳位置。

该光电传感器有三根引出线，棕色线为 24V 电源线正极，蓝色线为电源线负极接 PLC 的输入公共端，黑色线为传感器的信号输出端（接 PLC 的信号输入端），传感器上设置的 LED 用于显示其信号状态。

3. 电容式传感器

本系统的工件姿势辨别功能是由电容式传感器对其进行检测的。电容式传感器实物外形如图 2-3-9 所示。当输送带将工件送至检测器时，无论工件是正常放置（正向放置）还是反向放置，电容式传感器都会动作。因此，在实训过程中，需要对该传感器的接触时间进行滤波。

图 2-3-9　电容式传感器实物外形

（1）工件正反向识别方法

因为工件正常放置接通的时间与反向放置的时间是不相同的。假设工件在匀速的情况下接通电容传感器的时间没有超过设定的时间 t，则辨别该工件是正向放置的；如果出发的时间超过设定的时间 t，则该工件为反向放置工件，为不合格工件。

（2）电容式传感器安装使用要求

电容式传感器的检测距离与被测物体的材料性质有很大关系，如它检测金属材质的工件与非金属材质工件的灵敏度不一样，调节传感器尾部的灵敏度调节电位器，可以根据被测物体的不同要求改变动作距离。例如，当被测物体与传感器之间隔一层玻璃时，可以适当提高灵敏度，消除玻璃的影响。

电容式传感器使用时必须远离金属物体，即使是绝缘体包裹金属材料，对它也有一定的影响。电容式传感器对高频电场也十分敏感，因此两只电容式传感器也不能靠得太近，以免相互影响。检测金属物体，一般不使用易受干扰的电容式传感器，而应选择电感式传感器。因此，只有在测量绝缘介质时才应选择电容式传感器。

电容式传感器有三根引出线，棕色线接 24V 电源线正极，蓝色线为电源线负极，接 PLC 的输入公共端，黑色线为传感器的信号输出端，接 PLC 的信号输入端，传感器上设置的 LED 用于显示其信号状态。

（3）调节传感器位置及灵敏度

电容式传感器使用时可调整安装位置，细心设定检测距离，或通过它的灵敏度电位器调节传感器的灵敏度，保证生产线上的传感器可靠动作；传感器上设置的 LED 用于显示其信号状态。

二、翻转机械手

翻转机械手由翻转手爪气缸、翻转机械手升降气缸、翻转直流减速电动机、翻转限位传感器、电磁阀等组成，如图 2-3-10 所示。

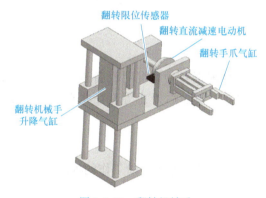

图 2-3-10　翻转机械手

功能如下：电容式传感器检测到的工件为反向摆放时，翻转抓手下降，将工件夹起翻转纠正。纠正后的工件最后被吸盘式机械手移载到相应的位置上摆放。

1. 气动手指

气动手指（见图 2-3-11）又称气动夹爪，简称气爪，是气动设备中用来夹持工件的一种常用元件，它可以用来抓取物体，实现机械手各种动作。在自动化系统中，气动手指常应用在搬运、传送工件机械中抓取、拾放物体。气动手指这种执行元件是一种变形气缸，它一般是在气缸的活塞杆上连接一个传动机构，来带动手指做直线平移或绕某支点开闭，以夹紧或放松工件。气动手指的开闭一般是通过活塞的往复运动带动曲柄连杆、滚轮或齿轮等与手指相连的机构，驱动手指沿气缸径向同步开、闭运动，也有通过摆动气缸驱动回转盘带动径向槽中的多个手指同步开、闭运动，所有的气动手指是同步同心开合的，单个手指不能单独运动。

气缸通口

手指夹紧位　　　手指式夹头　　　手指张开位

图 2-3-11　气动手指

2. 翻转电动机

在传统的旋转电机机电系统中，机械系统是原动机（对发电机来讲）或生产机械（对电动机来讲），电系统是用电的负载或电源，旋转电机把电系统和机械系统联系在一起。旋转电机内部在进行能量转换的过程中，主要存在着电能、机械能、磁场储能和热能四种形态的能量。在能量转换过程中产生了损耗，即电阻损耗、机械损耗、铁心损耗及附加损耗等。

对翻转电动机来说，损耗消耗，使其全部转化为热量，引起电动机发热，温度升高，影响电动机的出力，使其效率降低；发热和冷却是所有电动机的共同问题。电动机损耗与温升的问题，提供了研究与开发新型旋转电磁装置的思路，即将电能、机械能、磁场储能和热能构成新的旋转电机机电系统，使该系统不输出机械能或电能，而是利用电磁理论和旋转电机中损耗与温升的概念，将输入的能量（电能、风能、水能、其他机械能等）完全、充分、有效地转换为热能，即将输入的能量全部作为"损耗"转化为有效热能输出。

三、停止控制的方法

在生产设备运行中，常常会根据各种情况对设备进行停机处理，用于停止的控制方式有正常停止、紧急停止、暂时停止、复位后停止等。在状态流程程序中，经常采用以下程序实现停止的方法。

1. 用"启保停"电路停止的控制方法

电路功能：停止信号出现时，马上停止当前工作的处理方式。

应用实例如图 2-3-12 所示。

2. 用应用指令 ZRST 块复位（FNC40）实现停止的控制方法

指令功能：将指令范围内的软元件全部复位（清零）。

指令格式如图 2-3-13 所示。

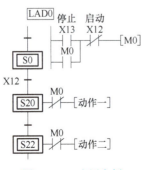 

图 2-3-12　应用实例　　　　　　　图 2-3-13　ZRST 指令格式

X1 接通后，FNC40 指令将 D1 ~ D2 范围内的软元件全部复位（清零）。

应用实例如图 2-3-14 所示。

图 2-3-14　ZRST 指令应用实例

X1 接通后，FNC40 指令将状态 S0 ~ S30 全部复位，实现停止控制；复位后同时应将状态 S0 置位，否则程序不能进入初始待机状态，步进程序就不能重新启动了。

程序编写实例如图 2-3-15 所示（用常开按钮作为启动和停止控制）。

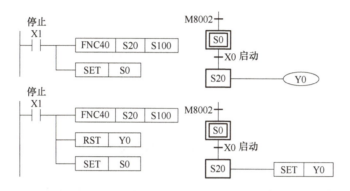

图 2-3-15　程序编写实例

注意：程序中若有置位的元件，停止时要同时将其复位。

3. 用特殊辅助继电器 M8031 进行停止的控制方法

特殊辅助继电器 M8031 的功能：M8031 线圈被驱动时，可以将普通的 Y、M、S 元件复位，也可将普通的 T、C、D 当前值清零，同时将它们的触点复位。

应用实例如图 2-3-16 所示。

图 2-3-16　应用实例

对无保持元件的程序，可用 M8031 替代 ZRST 指令作停止控制，但要注意，不能在驱动 M8031 的同时置位 S0，而要在 M8031 使用后，再用停止控制的下沿脉冲触点置位 S0，以实现再次启动。

4. 使用 MC—MCR 指令进行停止的控制方法

MC—MCR 指令的功能：主控指令"MC/MCR"在状态指令编程中，用来实现状态流程程序正常停止时的状态保持（注意：停止时状态还会处于激活，只是暂时保持不转移）；一般可使用在急停控制中。

应用实例如图 2-3-17 所示。

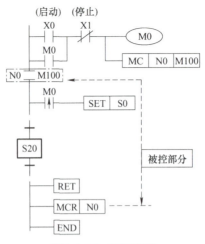

图 2-3-17　应用实例

使用时注意："M0"一定要放在"MC N0 M100"前面先驱动，MC、MCR 指令应分别放在步进程序外，初始状态 S0 的置位改用启动时 M0 的前沿脉冲，每次重新启动运行，都要按下启动按钮 X0。

5. 状态流程程序中对于设备紧急停止的要求

1）在任何运行方式中，只要按下急停按钮，系统立刻停止工作，急停后必须要先使机器返回初始待机状态（复位）后才能启动自动运行。

2）若系统因故障需要进行急停，可按下急停按钮（按钮应锁死），此时，系统应立刻停止运行。系统急停后，可用按钮（自选 2 个）对输送带分别进行手动正、反方向的慢速运行检查；可启动自动检测按钮对带式输送机与气缸进行检查，并能用按钮（自选 2 个）手动控制位置气缸处理废品和复位，故障处理后，可将急停按钮复位，同时再次按下待机控制按钮，使系统重新进入待机状态。

 任务实施

子任务二　智能分拣单元的检测及调试

※ 任务描述

　　本任务主要以自动化生产线为载体，熟悉自动化生产线"智能分拣单元"的工作过程。理解分拣过程的设计思路，掌握分拣系统传感器位置和灵敏度的调整、机械位置的调整、气动系统运行时的调整。编写智能分拣系统的 PLC 程序并掌握系统整体综合调试，实现智能分拣系统的检测与分拣功能。

※ 任务目标

　　1. 能根据电气线路图的识别原则，正确识读电气线路图，并能按照图样准确找到各元器件及接线端，正确写出 I/O 分配表。

　　2. 通过观察"智能分拣单元"的实训设备，识别相关传感器、气动元件等器件，学会其使用方法。

　　3. 理解智能分拣工作任务的编程思路，编写满足系统功能要求的 PLC 程序。

　　4. 在教师的引导下，学会状态转移图的编写方法，并将分拣系统对应的程序编写及调试，结合设备实现智能分拣系统的整体综合调试。

※ 设备及工具

　　设备及工具见表 2-3-3。

表 2-3-3　设备及工具

序号	设备及工具	数量
1	自动化生产线（设备）	1 台
2	万用表	1 个
3	三菱 PLC 编程软件：GX Developer	1 套
4	内六角螺丝刀、一字螺丝刀、十字螺丝刀、斜口钳等	1 套
5	导线、排线等	1 套

实训活页一　电气接线图的识读及线路调试

一、识读 PLC 的 I/O 接线图

智能分拣单元的 I/O 接线图如图 2-3-18 所示。在本单元中，输入点包括起动按钮、停止按钮、变频器故障、5 个传感器、6 个气缸限位传感器；输出点包括 4 个控制变频器输出点（STF 变频器正转、STR 变频器反转、RH 变频器高速和 RL 变频器低速）、4 个气缸。

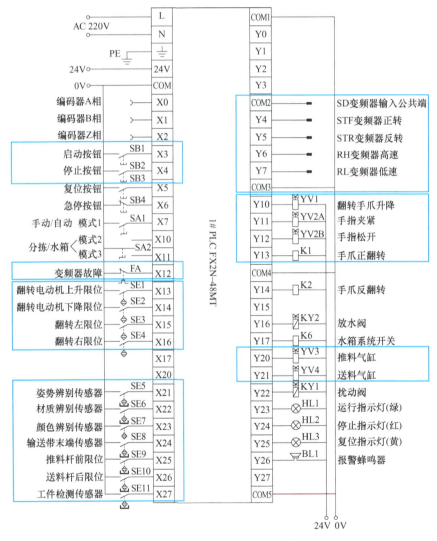

图 2-3-18　智能分拣单元 I/O 接线图

根据输入、输出点数，可得知智能分拣单元 PLC 的 I/O 分配表，见表 2-3-4。

表 2-3-4　PLC 的 I/O 分配表

输入端（I）			输出端（O）		
序号	外接元件	PLC 输入点	序号	外接元件	PLC 输出点
1	启动按钮 SB1	X3	1	STF 变频器正转	Y4
2	停止按钮 SB2	X4	2	STR 变频器反转	Y5
3	变频器故障 FA	X12	3	RH 变频器高速	Y6

（续）

输入端（I）			输出端（O）		
序号	外接元件	PLC 输入点	序号	外接元件	PLC 输出点
4	翻转电动机上升限位	X13	4	RL 变频器低速	Y7
5	翻转电动机下降限位	X14	5	翻转手爪升降	Y10
6	翻转左限位	X15	6	手指夹紧	Y11
7	翻转右限位	X16	7	手指松开	Y12
8	姿势辨别传感器	X21	8	手爪正翻转	Y13
9	材质辨别传感器	X22	9	手爪反翻转	Y14
10	颜色辨别传感器	X23	10	推料气缸	Y20
11	输送带末端传感器	X24	11	送料气缸	Y21
12	推料杆前限位	X25			
13	送料杆后限位	X26			
14	工件检测传感器	X27			

二、电气线路的检测及调试

在使用设备前，首先要检查电源电路是否安装正确，确认电源安装正确后，再通电试运行。根据一般检测方法，使用万用表对各输入点和输出点的连接进行简单的信号测试，并将结果填入表 2-3-5。

表 2-3-5　信号检测及调试

序号	对应的传感器或器件		对应的 I/O 接口	检测 PLC 的 I/O 口信号是否正确（正确打"√"或有误请记录）
1	姿势辨别传感器		X21	
2	材质辨别传感器		X22	
3	颜色辨别传感器		X23	
4	输送带末端传感器		X24	
5	工件检测传感器		X27	
6	启动按钮 SB1		X3	
7	停止按钮 SB2		X4	
8	变频器	变频器故障 FA	X12	
9		STF 变频器正转	Y4	
10		STR 变频器反转	Y5	
11		RH 变频器高速	Y6	
12		RL 变频器低速	Y7	
13	限位	翻转电动机上升限位	X13	
14		翻转电动机下降限位	X14	
15		翻转左限位	X15	
16		翻转右限位	X16	
17		推料杆前限位	X25	
18		送料杆后限位	X26	

实训活页二 PLC 程序编写及调试

一、生产线输送带工件自动分拣功能

1. 任务描述

根据任务要求，实现智能生产线输送带工件自动分拣功能。

（1）生产线的组成

生产线由间歇式送料装置、输送带、物性检测装置（电感式传感器）、水平推杆装置、物料转送装置（龙门机械手）等功能单元以及配套的电气控制系统、气动回路组成。生产线实物图及智能分拣单元结构简图如图 2-3-19 及图 2-3-20 所示。

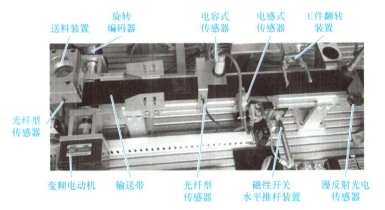

图 2-3-19 生产线实物图

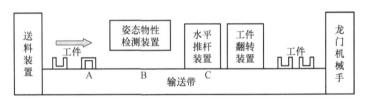

图 2-3-20 智能分拣单元结构简图

（2）生产线的功能

生产过程中，物料工件经间歇式送料装置依次放置在输送带上，输送带在电动机的驱动下将物料工件向前输送。物料工件经物性检测装置检测后，如为金属工件，则水平推杆装置将其推入指定的回收箱，如为非金属工件，则向前传送至输送带末端并自动停机。

2. 生产线的控制要求

1）接通系统工作电源，按下启动按钮 SB1，绿色指示灯常亮，如送料装置感应到有物料工件，将物料工件推出，物料工件上传至输送带后，输送带以高速（30Hz）运行，同时送料装置应缩回；当物料运行至距离传感器检测区约 80mm（A 位置）时，输送带转为低速（15Hz）运行，通过传感器检测区。注：物料工件有白色非金属、黑色非金属和金属三种。

2）物料工件通过传感器检测区 B 位置后就完成检测，如检测确定为金属物料工件，则继续低速运行至水平推杆装置前（C 位置）停行，并将物料推入回收箱结束本次分拣任务；如是白色、黑色非金属，则继续低速运行至输送带末端停行，蜂鸣器发出报警声音，3s 后结束本次任务。

3）要求：按下停止按钮 SB2，系统能马上停止运行，绿色指示灯熄灭，红色指示灯点

亮，再次按下起动按钮，系统可运行。变频器加减速时间设置为 0.5s。

二、实现自动分拣任务

1. 确定输入、输出点数

（1）确定 PLC 输入点数

启停需要 1 个启动按钮、1 个停止按钮；送料装置进料口需要 1 个光电传感器用作物料检测，1 个磁性开关用作位置检测，还需要 1 个电感式传感器用作金属物料检测；水平推杆装置需要 1 个磁性开关用作位置检测；输送带末端需要 1 个光电传感器用作物料到位检测；此外，还需要旋转编码器 A 相输入 1 个。因此，共需 8 个 PLC 输入信号。

（2）确定 PLC 输出点数

送料和水平推杆装置采用单线圈电磁阀控制，还要求变频器控制输送带以两速正转运行；运行指示灯及停止指示灯各 1 个。因此，共需 7 个 PLC 输出信号，分别为：Y4 变频器正转输出，Y6 变频器高速输出，Y7 变频器低速输出，Y21 进料装置送料电磁阀，Y20 推杆装置推出电磁阀，Y23 运行指示灯（绿）和 Y24 停止指示灯（红）。

2. 写出程序中需要的 I/O 分配表（见表 2-3-6）

表 2-3-6　PLC 的 I/O 分配表

输入端（I）		输出端（O）	
外接元件	输入继电器地址	外接元件	输出继电器地址
启动按钮（SB1）	X3	变频器正转（STF）	Y4
停止按钮（SB2）	X4	变频器高速（RH）	Y6
进料口物料检测光电传感器（S1）	X27	变频器低速（RL）	Y7
送料装置后位检测磁性开关（S2）	X26	进料装置送料电磁阀（YV1）	Y21
金属物料检测电感式传感器（S3）	X22	推杆装置推出电磁阀（YV2）	Y20
推杆装置前位检测磁性开关（S4）	X25	运行指示灯（绿）（HL1）	Y23
输送带末端物料检测光电传感器（S5）	X24	停止指示灯（红）（HL2）	Y24
旋转编码器 A 相	X0		

3. 绘制 PLC 的 I/O 接线原理图

根据工作任务要求，结合 PLC 的 I/O 分配表，绘制出 PLC 的 I/O 接线原理图，如图 2-3-21 所示。

4. 硬件接线

根据 PLC 的 I/O 分配表及接线原理图，对 PLC 的输入、输出设备进行接线。

注意事项：

1）接线前要断开电源和所有断路器、开关。

2）对于有三根引出线的电感式传感器和光电传感器，棕色线接至 PLC 内置 24V 电源端子，蓝色线为电源线负极，接 PLC 的输入公共端（COM），黑色线为传感器的信号输出端，接 PLC 相应输入端 X。

3）对于有两根引出线的磁性开关，蓝色线应连接到 PLC 输入公共端（COM），棕色线应连接到 PLC 对应的输入信号端 X。

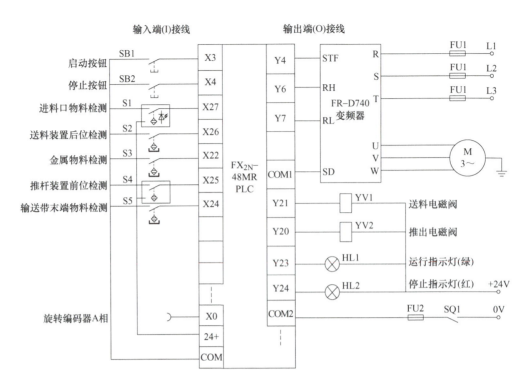

图 2-3-21　PLC 的 I/O 接线原理图

5. 变频器参数设置

根据对任务要求的分析，输送带应能以两种速度正转运行，高速频率为 30Hz，低速频率为 15Hz；为提高输送带启动和停止时的灵敏性和定位准确性，还设置加减速时间。需要设置的参数见表 2-3-7。

表 2-3-7　变频器参数设置

序号	参数号	名称	设定值
1	Pr.4	高速 RH	30Hz
2	Pr.6	低速 RM	15Hz
3	Pr.7	加速时间	0.5s
4	Pr.8	减速时间	0.5s
5	Pr.79	外部操作模式	2

6. 编写 PLC 程序

根据工作任务分析，编写梯形图程序，图 2-3-22 所示程序供参考。

7. 联机调试及故障排除

（1）接线检查

根据 PLC I/O 接线原理图再次检查接线是否正确，防止短路接线现象，还要特别留意各传感器的正确接线。

（2）通电检查

接线检查完成后，PLC、计算机、变频器通电，检查控制系统无异常，如有异常，即刻关闭电源，检查故障点并排除。

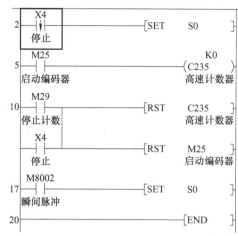

a) 状态转移图主程序

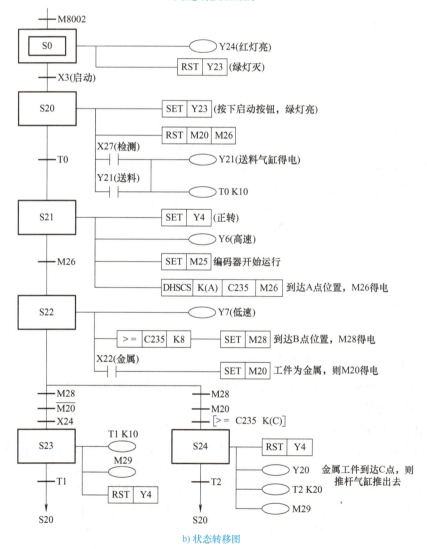

b) 状态转移图

图 2-3-22 参考梯形图程序

（3）程序下载

将编写好的梯形图程序下载到 PLC 中，并带载处于"监控模式"。

（4）功能调试

将 PLC 处于运行（RUN）状态。按下启动按钮 SB1，观察绿色指示灯发亮，间歇式气动送料装置如检测到有工件，将送出一个工件，检查输送带是否以 20Hz 频率对应速度运行，间歇式气动送料装置有否缩回。

此时，工件运行到物性检测装置（电感式传感器）检测后，如检测为金属工件，则继续运行至推杆装置前停止，推杆装置将其推入指定的回收箱后缩回；如检测为非金属工件，则向前以 30Hz 频率对应速度传送至输送带末端并停止。

取走工件后，再观察下一个工件的工作情况；期间如按下停止按钮，所有工作将马上停止，红色指示灯发亮。

（5）故障排除

在联机调试过程中，如出现故障，首先要通过观察分析，针对不同情况采取相应措施进行处理，逐个故障排除。可通过观察故障出现的现象、观察 PLC 软件在监控状态中梯形图程序运行情况来判断故障点；故障的排除可采用修改程序、检查调整 I/O 接线、调整传感器位置及灵敏度、检查调整机械机构位置等方法。

▶▶ 任务思考

1. 任务中的正常停止或急停处理，如采用其他控制方式，如何修改程序？

2. 任务中要求在设备运行过程中，按下急停按钮，设备停止运行及输出；复位急停按钮后，再按下起动按钮，设备从停止时的状态继续运行，如何修改程序？

3. 试将生产线的控制要求调整如下：物料运行至物性检测装置进行检测，如检测为金属工件，则转为高速运行至输送带末端并自动停机，结束本次分拣任务；如检测为非金属工件，则继续中速运行至推杆装置前停行，并推入指定的回收箱，结束本次分拣任务。请完成修改后的任务。

4. 若将检测金属物料的电感式传感器直接安装在生产线的进料口位置，其他控制要求不变，该如何控制？

▶▶ 能力拓展

一、智能生产线工件颜色判断及姿态调整功能

1）生产线各机构必须处于原点位置，即间歇式送料装置和水平推杆装置在后限位，输送带停止运行，系统才能启动运行。

2）系统启动运行后，运行指示绿灯亮；间歇式送料装置感应到有工件后将工件推出至输送带上，输送带以高速运行，工件运行至距离传感器检测区约 80mm 时（A 位置）时，传输带转为低速（15Hz）运行，通过传感器检测区。如检测为白色或金属工件，则至推杆装置前停止，并推入指定的回收箱，结束本次分拣任务；如检测为黑色且杯口向下工件，则至工件翻转装置前停止将工件夹起翻转纠正，纠正后的工件继续低速运行到输送带末端，由龙门机械手拿走工件（可人工取走代替）结束本次分拣任务；如检测为黑色且杯口向上工件，则至输送带末端停止，由龙门机械手拿走工件（可人工取走代替），结束本次分拣任务。工作模式采用自动循环模式。系统结构简图如图 2-3-23 所示。

3）安全保护功能：当按下停止按钮后，整条生产线马上停机，停机指示红灯亮；设备需

经人工复位后，才能重新开机。

4）变频器设置要求：输送带只能单方向运行且采用两段速度运行：低速运行（15Hz）、高速运行（30Hz），频率加减速时间为 0.5s。

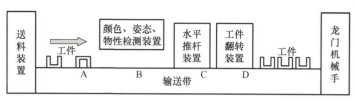

图 2-3-23 工件颜色判断及姿势调整系统的结构简图

二、实现工件颜色判断及姿态调整任务

1. 写出 I/O 分配表

确定输入、输出点数，写出程序中需要的 I/O 分配表（见表 2-3-8）。

表 2-3-8 PLC 的 I/O 分配表

输入端（I）		输出端（O）	
外接元件	输入继电器地址	外接元件	输出继电器地址
启动按钮（SB1）	X3	变频器正转（STF）	Y4
停止按钮（SB2）	X4	变频器高速（RH）	Y6
进料口物料检测光电传感器（S1）	X27	变频器低速（RL）	Y7
送料装置后位检测磁性开关（S3）	X26	进料装置送料电磁阀（YV1）	Y21
金属物料检测电感式传感器（S4）	X22	推杆装置推出电磁阀（YV2）	Y20
推杆装置前位检测磁性开关（S5）	X25	运行指示灯（绿）（HL1）	Y23
输送带末端物料检测光电传感器（S6）	X24	停止指示灯（红）（HL2）	Y24
颜色（白色）检测用光纤传感器（S7）	X23		
姿态检测用电容传感器（S8）	X21		
旋转编码器 A 相	X0		

2. 绘制 PLC 的 I/O 接线原理图

根据工作任务要求，结合 PLC 的 I/O 分配表，绘制出 PLC 的 I/O 接线原理图如图 2-3-24 所示。

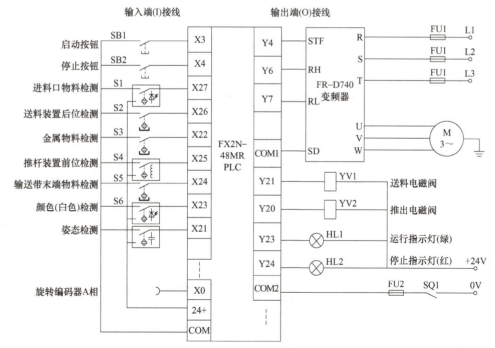

图 2-3-24 PLC 的 I/O 接线原理图

3. 编程并进行调试

按照功能要求，尝试编写程序并调试。

素养提升

一丝不苟铸精品，精益求精出匠心

智能分拣系统自动分拣程序的编写要求在分拣时准确推出工件，设计程序过程中使用旋转编码器作为定位检测，定位、测试注重精度、细节，要求一丝不苟、精益求精，按照岗位标准去完成，并且反复检测调试直至满足规范要求。

在下载、运行程序前，必须认真检查程序。检查各个执行机构之间是否会发生冲突，如果程序存在问题，很容易造成设备损毁和人员伤害。编写与调试过程需要规范严谨的工作作风和精益求精的工匠精神。从细微之处入手，仔细检查执行机构的动作，并且在调试运行记录表中做好实时记录，作为分析的依据，精益求精地进行程序优化。

任务评价

1. 请对本任务所学"生产线输送带工件自动分拣功能单元"的相关知识、技能、方法及任务实施情况等进行评价。

2. 请总结、归纳本任务学习的过程，分享、交流学习体会。

3. 填写任务评价表（见表 2-3-9）。

表 2-3-9　任务评价表

班级		学号		姓名			
任务名称	（2-3）任务三　智能分拣单元的装调及应用						
评价项目	评价内容	评价标准		配分	自评	组评	师评
知识点学习	变频器设置	能正确描述变频器参数设置步骤		5			
	识别各传感器	能正确指出传感器的位置		5			
	检测传感器	能正确调节检测传感器的灵敏度		5			
	气动系统的设置	能正确调节气动系统气阀的开度		5			
	停止的控制方法	学会编写停止程序的控制方法		10			
技能点训练	识读各部分电气接线图	能正确识读电路接线图		15			
	识图找电气元器件的接口及位置	能在实训设备上正确识别各元器件及接口		10			
	电路的调试	在实训设备上正确调试变频器、按钮等器件		10			
	程序编写及调试	按照模块功能正确编写及调试程序，实现模块功能		20			
思政点领会	一丝不苟铸精品，精益求精出匠心	在编程过程中领会精益求精的工匠精神		5			

（续）

评价项目	评价内容	评价标准	配分	自评	组评	师评
专业素养养成	安全文明操作	规范使用设备及工具	10			
	6S 管理	设备、仪表、工具摆放合理				
	团队协作能力	积极参与，团结协作				
	语言沟通表达能力	表达清晰，正确展示				
	责任心	态度端正，认真完成任务				
合计			100			
教师签名			日期			

 总结提升

一、任务总结

1. 检测传感器模块主要由光电传感器、电感式传感器以及电容式传感器组成。

2. 当变频输送带将工件传送至检测区域时，电容式传感器对工件进行姿势的辨别、光电传感器对工件进行颜色的辨别、电感式传感器对工件进行材质的检测。

3. 气动手指是气动设备中用来夹持工件的一种常用元件，可以用来抓取物体，实现机械手各种动作。

4. 停止控制的方法有用起保停电路停止的控制方法，用应用指令 ZRST 块复位（FNC40）实现停止的控制方法，用特殊辅助继电器 M8031 实现停止的控制方法，使用 MC—MCR 指令实现停止的控制方法。

二、思考与练习

1. 填空题

（1）检测传感器主要由_____、_____和_____传感器组成。

（2）可实现工件 180° 旋转的电动机是_____。

（3）

```
    X1    ┌─────┬────┬─────┐
──┤├──────┤FNC40│ S0 │ S30 │
    │     │ZRST │    │     │
    │     └─────┴────┴─────┘
    │     ┌─────┬────┐
    └─────┤ SET │ S0 │
          └─────┴────┘
```

是利用_____实现停止的控制方法。

（4）_____可以将普通的 Y、M、S 元件复位，也可将普通的 T、C、D 当前值清零，同时将它们的触点复位。

2. 选择题

（1）参数全部清零（ALLC）的功能是将（   ）全部初始化到出厂设定值。

A. 参数值　　　　B. 数据　　　　C. 校准值　　　　D. 参数值和校准值

（2）电容式传感器主要是辨别（   ）。

A. 工件颜色　　　B. 工件材质　　　C. 工件姿势　　　D. 工件多少

（3）在气动设备中用来夹持工件的一种常用元件是（   ）。

A. 真空吸盘　　　B. 气动手指　　　C. 气缸　　　　　D. 气动控制阀

（4）辨别颜色的传感器是（　　　）。

A. 电容式传感器 　　　　　　　B. 电感式传感器

C. 光电传感器 　　　　　　　D. 末端传感器

3. 简答题

（1）简述旋转电动机的作用。

（2）请说出在设备中检测传感器的位置及传感器灵敏度调节的方法。

（3）请说出一种 PLC 程序停止控制的方法。

（4）请写出生产线工件自动分拣程序编写的思路。

任务四　工业组态屏（三菱）的安装及调试

知识目标

1. 了解常用的工业组态监控系统的基本知识及常见问题。

2. 了解三菱工业组态屏。

3. 掌握三菱工控组态软件的使用方法。

能力目标

1. 查阅相关资料，能简述常用的工业组态监控系统的基本知识及常见问题。

2. 能正确使用三菱工业组态屏。

3. 能正确使用三菱工控组态软件。

4. 能根据电气线路图的识别原则，正确识读电气线路图，按照图样准确对触摸屏接线。

5. 能在教师的指导下通电试运行，对设备的电路、气路进行调试，学会正确、规范调试触摸屏的方法。

素养目标

1. 使学生体验"科技以人为本"的职业素养。

2. 培养学生认真细致、规范严谨的职业精神。

3. 培养学生团结协作的职业素养。

规范标准（国家标准、行业标准、JIS工艺标准等）

1. GB/T 786.1—2021《流体传动系统及元件　图形符号和回路图　第 1 部分：图形符号》

2. GB/T 4728.1—2018《电气简图用图形符号　第 1 部分：一般要求》

3. GB/T 12350—2022《小功率电动机的安全要求》

4. GB/T 40131—2021《减速永磁式步进电动机通用规范》

5. JIS B3501—2004《可编程控制器——一般信息》

6. JIS C0617—1—2011《简图用图形符号　第 1 部分：一般信息、通用索引、对照参照表》

▶▶ 学习情境

　　工业组态屏是工业组态监控系统中不可或缺的组成部分，它承担着监控、控制和操作等重要功能。随着现代工业组态监控系统功能的不断增强，工业组态屏的作用也变得越来越重要。它不仅能够实现人机交互，还能够实现远程监控和控制，提高工业生产的效率和安全性。同时，工业组态屏的使用也越来越普及，成为现代工业生产中不可或缺的工具，在完成基本的数据采集和控制功能外，还要为操作人员提供灵活方便的人机界面等功能。另外，随着生产规模的不断扩大，也要求工业组态监控系统的规模跟着变化，也就是说，组态屏接口的部件和控制部件可能要随着系统规模的变化进行增减。因此，就要求计算机工业监控系统的应用软件有很强的可编辑性、开放性和灵活性，组态软件也因此应运而生。

　　随着计算机软件技术的发展，组态软件技术的发展也非常迅速，特别是图形界面技术、编程技术、组件模块技术的出现，使人机界面变得焕然一新。而不同品牌的组态软件也有着各自的侧重和优缺点，选择一个合适当前工业系统的组态软件并能熟练运用是电气工程师必备的技能。图 2-4-1 所示为某工业系统的组态界面。

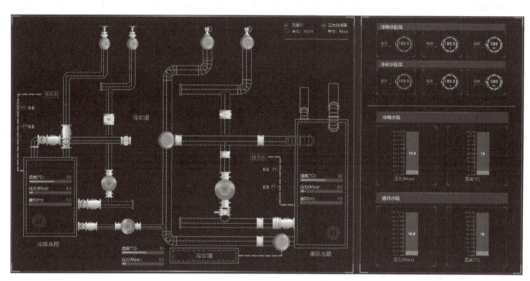

图 2-4-1　某工业系统的组态界面

➤➤ 获取信息

子任务一 认知工业组态屏和工控组态软件

※ 任务描述

通过查阅工业组态监控系统的相关材料，了解工业组态监控系统的技术，能对当前普遍应用的工业组态屏与组态软件有基本认识；能说出当前组态屏和组态软件的优缺点；查阅参考资料，规范使用相关的器件及模块。

※ 任务目标

1. 通过查阅相关资料，能简述常用的工业组态监控系统的基本知识。
2. 能简述工业组态监控系统怎样解决工业生产中常见的问题。
3. 通过学习目前生产线中常用工业组态屏和组态软件等知识，了解工业组态的前沿科技信息。
4. 查阅三菱的工业组态监控系统参考资料，按照职业标准要求规范使用。

※ 知识点

本任务知识点列表见表 2-4-1。

表 2-4-1 本任务知识点列表

知识点	具体内容	知识点索引
三菱工业组态屏和三菱工控组态软件认知	一、组态系统 二、触摸屏的认识 1. 作为操作显示面板使用 2. 作为人机交互终端（POP）使用 3. 作为信息数据终端使用 三、认识三菱工业组态屏 1. 三菱工业组态屏参数及特点 2. 三菱工业组态屏设置方法 四、三菱工控组态软件认知 1. 三菱工控组态软件介绍 2. 三菱工控组态软件界面介绍	新知识

知识活页　三菱工业组态屏和三菱工控组态软件认知

◆ 问题引导

1. 组态是什么？工业组态监控系统的作用及特点是什么？

2. 触摸屏的作用与特点是什么？了解三菱工业组态屏 GT1055 的基本设置。

3. 组态软件作用与特点是什么？三菱工控组态软件有什么特点？

4. 查阅资料，了解三菱其他系统触摸屏的特点。

◆ 知识学习

一、组态系统

"组态（Configuration）" 一词指的是将各种模块或元器件进行任意组合、设置和配置后形成的一种状态。在工业系统中，组态是指操作人员根据系统控制任务的要求，配置用户应用软件去完成当前任务要求的过程，即使用软件工具对计算机及软件的各项资源进行配置，达到让计算机或软件按照预先设置自动执行特定任务。接下来将介绍三菱工业组态（触摸）屏与工控组态软件。

二、触摸屏的认识

触摸屏作为一种新型的人机界面，简单易用，有强大的功能及优异的稳定性，因此非常适合用于工业环境，应用非常广泛；它是操作人员和机器设备之间进行双向沟通的桥梁，用户可以自由地组合文字、按钮、图形、数字等来处理或监控管理及应付随时可能变化信息的多功能显示屏幕。

触摸屏作为生产终端（Point of Production，POP）的用途主要有以下 3 种：作为操作显示面板使用，作为人机交互终端使用，作为信息数据终端使用。

1. 作为操作显示面板使用

这是人机界面出现以后最初的使用方式，用于代替各种开关和指示灯。人机界面可以将这种操作面板的功能电子化，具有显示文字信息、图像信息以及触摸输入等功能。而可编程人机界面中的可编程，则是指其画面布置、动作等可以通过设定自由改变。使用人机界面时，一般与控制装置用的 PLC 或微机板连接在一起，如图 2-4-2 所示。

2. 作为人机交互终端（POP）使用

POP 是指处理生产时信息的终端。在处理这种信息时，除使用条形码阅读器或磁卡输入信息以外，一般还会同时使用触摸屏，以使操作人员可以目视确认、灵活应对，因此人机界面得到了广泛使用。

3. 作为信息数据终端使用

这种用途包括以下几种情况：仅作为显示器画面使用；通过存储卡与其他计算机相互传输数据；从人机界面直接通过网络与 PLC 或计算机传输信息。

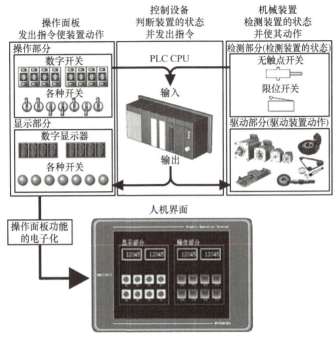

图 2-4-2　触摸屏操作显示面板

触摸屏的优点见表 2-4-2。

表 2-4-2　触摸屏的优点

序号	优点	具体内容
1	减少各种面板的安装	可通过软件设定各种功能，减少硬件的安装，使装置小型化
2	节约配线的成本	各个面板间的配线可以用软件功能来实现，省去配线的麻烦，节约成本
3	实现面板的标准化、小型化	要求的规格发生变更时，通过软件画面数据的设定即可应对，实现操作盘的标准化
4	提高人机接口的效率	除开关和指示灯显示外，还可方便地显示图表、文字、报警灯，使整个装置的附加值大幅提高

三、认识三菱工业组态屏

1. 三菱工业组态屏参数及特点

三菱工业组态屏由日本三菱重工业股份有限公司生产，其英文全称为 Graphic Operation Terminal，简称 GOT。型号分为 GOT800、GOT900 系列和 GOT1000 系列。其外观由显示屏和塑料外壳组成，如图 2-4-3 所示，下面将介绍本项目实训设备三菱 GT1000 系列的 GT1055 触摸屏。

三菱 GT1055 触摸屏特点：更加轻巧，使用更加便捷；5.7in 型；高亮度背光灯，STN（超扭曲向列屏）彩色 256 色；分辨率为 320×240，标准内存为 3MB；内置标准接口，包括 USB 接口、RS422 接口和 RS232 接口；防护等级为 IP67F。

2. 三菱工业组态屏设置方法

三菱 GT1055 触摸屏设置方法：安装基本操作软件（OS）并重新启动后，用手指触摸应用程序调用键（出厂时，设置为同时触摸屏幕的左右上方两点），即在屏幕上出现触摸屏主菜单，如图 2-4-4 所示。

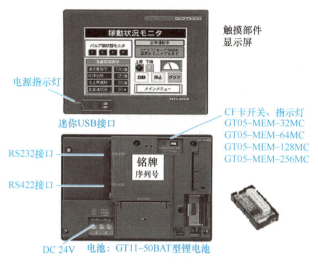

图 2-4-3　三菱触摸屏的外观

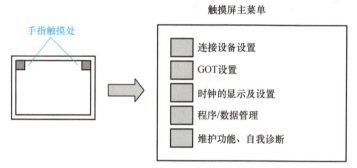

图 2-4-4　GT1055 触摸屏主菜单

主菜单的各项功能简述如下：

（1）连接设备设置

与外部设备通信设置用，用于检查通信路径、通信驱动：通道号 0（表示未连接）、通道号 1（表示连接 FA 设备）、通道号 8（表示连接条形码设备）、通道号 9（表示连接计算机）。

（2）GOT 设置

对显示界面进行设置，包括标题显示时间、屏幕保护时间、屏幕保护背光灯、信息显示、屏幕亮度与对比度、语言、屏保、电池报警。对操作界面进行设置，包括蜂鸣音、窗口移动时的蜂鸣音、安全等级和应用程序调用键、键灵敏度。

（3）时钟的显示及设置

可设置日期、时间，显示本机内置电池电量。

（4）程序 / 数据管理

可查询触摸屏系统信息，清除用户工程数据、资源数据，管理存储卡（GT1150 不能使用 CF 卡，只能安装 GT10-50FMB 外置存储卡）。

（5）维护功能、自我诊断

在维护功能中，可以监视、测试 PLC 的软元件，列表编辑 FX CPU 的顺控程序。在自我诊断中，可以进行存储器检查、绘图检查、显示检查、字体检查、触摸面板检查和 I/O 检查。系统报警显示：出错类型、出错时间，GOT 启动时间，启动时间、当前时间、运行时，清除：对界面清洁。

四、三菱工控组态软件认知

1. 三菱工控组态软件介绍

三菱工控组态软件 GT Designer3 是一款由三菱公司开发专门针对三菱触摸屏控制器而设计的应用工具，通过触摸屏就可以轻松地实现与机械进行交互，帮助操控软件轻松管理设备的运作过程，也可以对准备进行的项目流程进行编辑修改。而且 GT Designer3 还支持同时连接多个设备，软件还支持兼并 PLC 逻辑控制系统，可以让工业生产中增加人机交互的能力，提高工业开发的效率。

2. 三菱工控组态软件界面介绍

GT Designer3 主界面如图 2-4-5 所示。

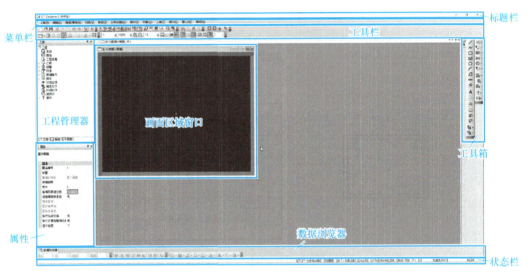

图 2-4-5　GT Designer3 主界面

1）标题栏：显示软件名称、工程名称。

2）菜单栏：显示 GT Designer3 各项命令的菜单。

3）工具栏：一些命令的快捷方式按钮，包括显示文件、打开工程、新建工程、恢复等功能的相应按钮。

4）工具箱：工程设计人员制作组态的基本控件，含有功能控件和基本控件。

5）画面区域窗口：工程设计人员进行组态、编辑图形对象的窗口。

6）工程管理器：显示工程、画面、系统的树形菜单，并可进行编辑。

7）数据浏览器：可显示工程中正在使用的图形／对象的一览表，可对一览表中显示的图形／对象进行搜索和编辑。

8）状态栏：显示光标所指对象的说明或 GT Designer3 现在的状态。

9）属性：可显示画面或图形、对象的设置一览表，并进行编辑。

 **素养提升**

科技以人为本

触摸屏作为一种新型的人机交互界面，体现了科技以人为本的理念，因为它将用户的需求和习惯放在了设计和开发的核心位置，以提升用户的体验和满意度。

人机交互技术以提高用户的体验和满意度为目标，将用户的需求和期望放在设计和开发的核心位置，采用技术手段以提高用户的交互效率和舒适度，并确保用户的隐私安全，体现了"科技以人为本"的理念。

▶▶ **任务实施**

子任务二　工业组态屏与 PLC 的通信

※ 任务描述

本任务主要以机电一体化平台为载体，通过对机电一体化平台"组态屏模块"的线路安装、设置参数、下载程序，熟悉其工作过程；识读各部分电路接线图，掌握电气接线图的识读步骤及方法，学会电路、气路的检测及调试方法，尝试调试触摸屏控制设备。

※ 任务目标

1. 能根据电气线路图的识别原则，正确识读电气线路图，并能按照图样准确找到各元器件及接线端。

2. 通过"组态屏模块"的线路安装、设置参数、下载程序，学会其使用方法。

3. 掌握组态软件的新建工程、按钮、指示灯、文本、数值输入的使用。

4. 能在教师的指导下通电试运行，尝试调试触摸屏控制设备，学会调试方法。

※ 设备及工具

设备及工具见表 2-4-3。

表 2-4-3　设备及工具

序号	设备及工具	数量
1	自动化生产线（设备）	1 台
2	万用表	1 个
3	内六角螺丝刀、一字螺丝刀、十字螺丝刀、斜口钳等	1 套
4	导线、排线等	1 套

实训活页　三菱触摸屏应用

一、三菱触摸屏与 PLC、计算机接线及工业组态

1. 触摸屏与外围单元的连接

三菱触摸屏 GOT1000 系列（以下简称 GOT）与计算机及 PLC 的连接如图 2-4-6 所示。外置 24V 直流电源为 GOT 供电。GOT 的通信口 COM2 通过 RS232 电缆直接连接到计算机的串行通信口 COM1。GOT 的通信口 COM1 通过 RS232/RS422 转换电缆连接到 PLC 的 RS422 编程通信口（也可以将 GOT 的通信口 COM0 通过 RS422 电缆直接连接到 PLC 的 RS422 编程通信口）。双端口连接方式可以在计算机上同时使用画面创建软件和 PLC 编程软件，可以对 GOT 和 PLC 同时编程，给操作调试带来极大的方便（在传送 GOT 数据时，应暂停 PLC 编程软件的监控，以免传送 GOT 数据失败）。

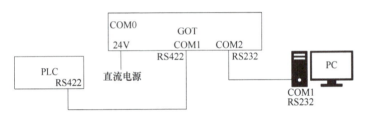

图 2-4-6　GOT 触摸屏与计算机及 PLC 的连接

2. GOT 与计算机的通信

GOT 触摸屏与计算机通过 RS232 端口通信，并通过 GOT 主菜单的"连接设备设置"进行设置才能实现。

（1）GOT 主菜单界面调出

显示用户创建界面时，触摸应用程序调用键（同时触摸 GOT 画面的左右上方两点）后显示主菜单界面，如图 2-4-7 所示。通过 GOT 应用程序界面或 GT Designer3 可以设置应用程序调用键。

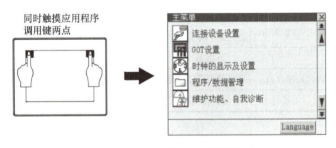

图 2-4-7　GOT 主菜单界面调出方法

（2）GOT 通信设置

触摸主菜单中"连接设备设置"显示"连接设备设置"界面，在"标准 I/F 的设置"中将 RS232 的通道号（ChNo.）设置为"9"，如图 2-4-8 所示。

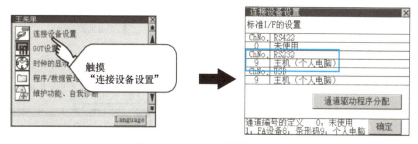

图 2-4-8　RS232 通信设置方法

（3）计算机端通信设置

计算机端 GT Designer3 软件中通信设置保持默认设置，如图 2-4-9 所示。

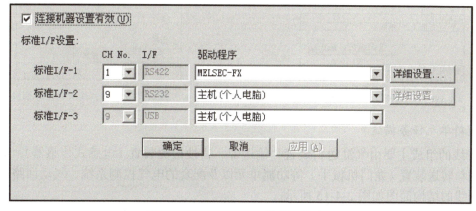

图 2-4-9　GT Designer3 软件通信设置

3. GOT 与 PLC 的通信设置

GOT 触摸屏与 PLC 通过 RS422 端口通信，并通过 GOT 主菜单的"连接设备设置"进行设置才能实现。

采用相同的方法进入 GOT 主菜单的"连接设备设置"，屏幕显示如图 2-4-10 所示。从图 2-4-10 中可知，RS232 接口的设备已设置为"主机（个人电脑）"，通道号（ChNo.）已设置为"9"，因此，触摸屏与计算机的通信已设置好，已能实现触摸屏与计算机的通信。但 RS422 接口的设备及其通道号尚未设置，因此，触摸屏还不能与 PLC 通信。

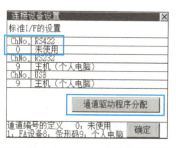

图 2-4-10　RS422 未完成设置界面

设置步骤如下：

1）如图 2-4-10 所示，在"标准 I/F 的设置"中将 RS422 的通道号（ChNo.）设置为"1"。

2）在"连接设备设置"界面中触摸"通道驱动程序分配"按钮，显示"通道驱动程序分配"界面，如图 2-4-11 所示。

3）触摸"分配变更"按钮，显示"分配变更"界面，如图 2-4-12 所示，触摸"MELSEC-FX"选项，完成设置如图 2-4-13 所示。

4）设置波特率，触摸"MELSEC-FX"选项，显示"连接设备设置：连接设备详细设置"界面，如图 2-4-14 所示，修改适合的波特率。

5）通过 GT Designer3 的通信功能将通信驱动程序 MEISESFX 下载到 GOT 中，就能实现 GOT 与 PLC 的通信。

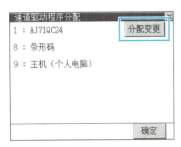

图 2-4-11 "通道驱动程序分配"界面

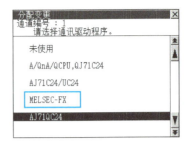

图 2-4-12 "分配变更"界面

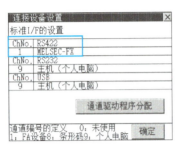

图 2-4-13 RS422 完成设置界面

图 2-4-14 "连接设备设置：连接设备详细设置"界面

4. 送料单元任务描述

生产线的组成主要由气缸送料装置、输送带、物性检测装置（电感式传感器）、水平推杆装置、物料转送装置（龙门机械手）等功能单元以及配套的电气控制系统、气动回路组成。自动化生产线的结构简图如图 2-4-15 所示。

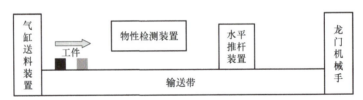

图 2-4-15 自动化生产线的结构简图

生产线的功能是：生产过程中，物料工件经间歇式送料装置依次放置在输送带上，输送带在电动机的驱动下将物料工件向前输送。物料工件经物性检测装置检测后，如为金属工件，则推杆装置将其推入指定的回收箱，如为非金属工件，则向前传送至输送带末端，由龙门机械手转运至指定工位处理。

本任务是用触摸屏控制生产线的气缸送料装置，通过气缸的伸缩，把工件推到输送带上，如图 2-4-16 所示。

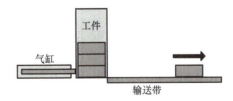

图 2-4-16 气缸送料装置简图

接线图如图 2-4-17 所示。

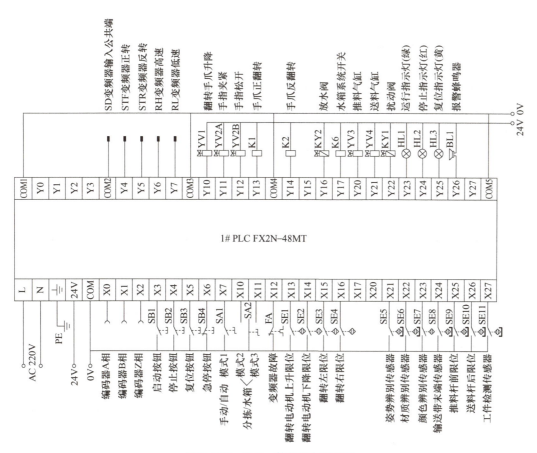

图 2-4-17 机电一体化设备接线图

二、用 GOT 触摸屏控制气缸送料单元的运行

1. 气缸送料装置的控制要求

（1）执行机构的驱动方式

送料气缸执行机构采用气动元件控制，详细工作原理参考图 2-4-17。

（2）工作任务要求

按下启动按钮后系统启动，送料装置感应到工件后将工件推出，随后缩回；当按下停止按钮或触摸屏停止开关后，送料装置停止工作。

（3）人机界面监控功能

"启动"按钮"停止"按钮能够控制系统启动、停止，系统启动后"启动"指示灯亮，气缸启动后"气缸"指示灯亮。触摸屏界面如图 2-4-18 所示。

（4）安全保护功能

运动机构不能发生碰撞，停机时须人工处理完已送出工件后才能重新启动。

2. 任务设计流程

根据系统设计要求，分析、制定控制系统技术要求及控制方案，并在机电一体化设备上

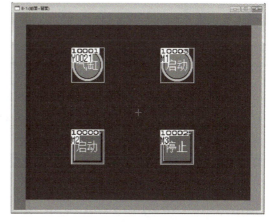

图 2-4-18 触摸屏界面

完成如下工作：

1）编写、调试 PLC 控制程序。

2）创建、调试触摸屏控制界面。

3）进行系统调试，满足系统功能要求。

所设计的 PLC 程序调试时，应仔细检查和调整各单元中机械元件的相关位置、气动元件气阀的开度、电气元器件各传感器的位置和灵敏度参数，调整各驱动机械的参数设置等，使系统各单元动作定位准确、运行正常，符合控制要求。

3. 编写、调试 PLC 控制程序

1）根据任务要求写出 I/O 分配表 2-4-4。

表 2-4-4　I/O 分配表

PLC			
输入		输出	
元件	地址	元件	地址
启动按钮 SB1	X3	送料气缸 YV4	Y21
停止按钮 SB2	X4		
送料杆后限位 SE10	X26		
工件检测传感器 SE11	X27		
触摸屏			
输入		输出	
对象	地址	对象	地址
"启动" 按钮	M2	"气缸" 指示灯	Y21
"停止" 按钮	M3	"启动" 指示灯	M1

2）根据表 2-4-4 整理需要的输入、输出，绘制气缸送料装置 PLC I/O 接线图，如图 2-4-19 所示。

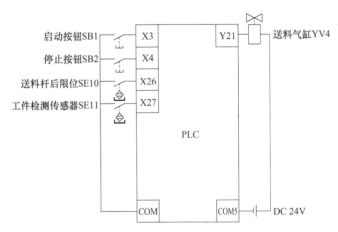

图 2-4-19　气缸送料装置 PLC I/O 接线图

3）根据任务要求和 I/O 分配表完成梯形图如图 2-4-20 所示。

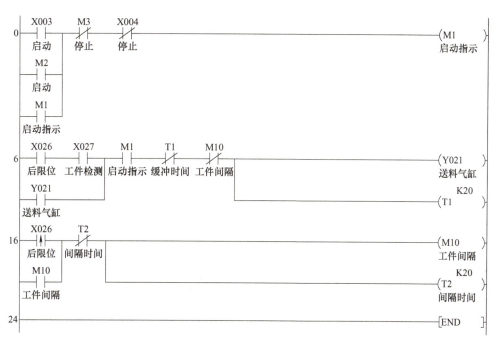

图 2-4-20　气缸送料装置梯形图

4）梯形图程序下载到 PLC。

4. 创建、调试触摸屏控制画面

（1）人机界面 GT Designer3 软件操作——创建工程

新建工程时，使用对话式向导来完成必要的设定，可准确、快速创建工程。

工程及单个基本画面的创建：

打开 GT Designer3 软件，如图 2-4-21 所示。工程的创制具体如图 2-4-22～图 2-4-31 所示，单击"下一步"按钮完成设置。

图 2-4-21　单击"新建"按钮

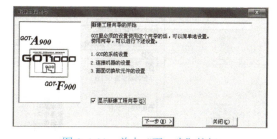

图 2-4-22　单击"下一步"按钮

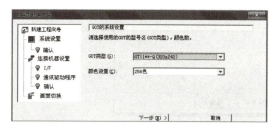

图 2-4-23　选定"GOT 类型"为"GT11**–Q（320×240）"系列，"颜色设置"为"256 色"

图 2-4-24　单击"下一步"按钮

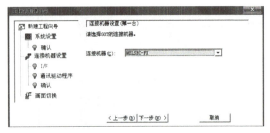

图 2-4-25 选定"连接机器"
类型为"MELSEC-FX"系列

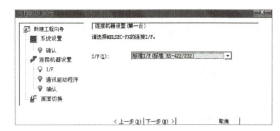

图 2-4-26 连接机器接口，选择
I/F 为"标准 I/F（标准 RS-422/232）"

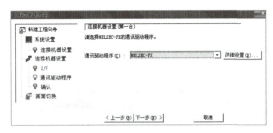

图 2-4-27 连接"机器通讯
驱动程序"为"MELSEC-FX"

图 2-4-28 确认后屏幕显示连接
机器设置列表，其中列出通道 1

图 2-4-29 "基本画面"默认软元件为"GD100"

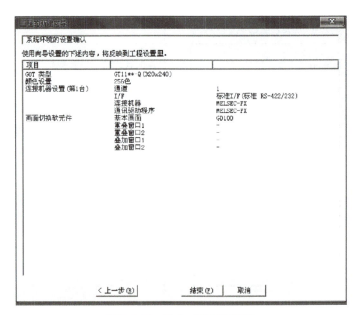

图 2-4-30 单击"结束"按钮

工程及其基本界面创建完成，效果如图 2-4-32 所示。

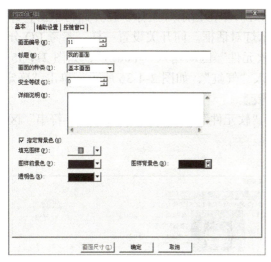

图 2-4-31　修改画面编号、标题或指定
背景色，单击"确定"按钮

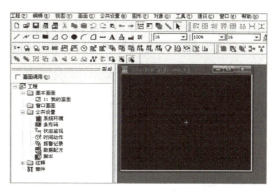

图 2-4-32　基本界面效果图

（2）应用 GT Designer3 制作按钮和指示灯

1）触摸屏界面设计。启动软件 GT Designer3，显示"工程选择"对话框，单击"新建"按钮，进入新建工程向导。按新建工程向导一步步选择设置、确认，直至结束。

完成新建工程后，单击"结束"按钮，显示 GT Designer3 主菜单及画面属性对话框。画面属性暂不用设置，确认为基本界面 1，就可直接在界面设置开关与指示灯。

2）开关界面设计。首先设置"启动"按钮。单击开关设计图符 [S▼]，出现 6 个不同性质的开关供选择。选择"位开关"，再在界面上单击，界面即出现未设置的开关图像▓；双击该图像进行设置，设置输入关联，选择"软元件"选项卡，参考 I/O 分配表（见表 2-4-4），在"软元件"区域输入启动按钮"M2"（如需追加动作则单击"位"输入"M2"），如图 2-4-33 所示；选择"文本"选项卡，在"字符串"区域输入"启动"如图 2-4-34 所示，设置完成开关图像▓；单击图像的边框，进行移动、缩放等操作，将开关图像移动到适当位置，缩放到适当大小。

"停止"按钮设置与"启动"按钮相似，"软元件"区域输入"M3"，"字符串"区域输入"停止"。

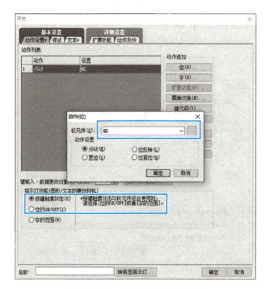

图 2-4-33　开关软元件设置

图 2-4-34　开关文本设置

3）指示灯画面设计。首先设置"气缸"指示灯。单击指示灯图标，在界面再单击，即得指示灯未设置图像▓。双击指示灯图形，弹出指示灯对话框。同开关设置一样，参考 I/O 分配表（见表 2-4-4）：在"软元件 / 样式"选项卡"软元件"区域输入"Y0021"，如图 2-4-35 所示；选择"文本"选项卡，在"字符串"区域输入"气缸"，如图 2-4-36 所示，单击"确定"按钮，适当移动缩放，得到完成设置的指示灯图像▓。

"启动"指示灯设置与"气缸"指示灯相似，"软元件"区域输入"M1"，"字符串"区域输入"启动"。

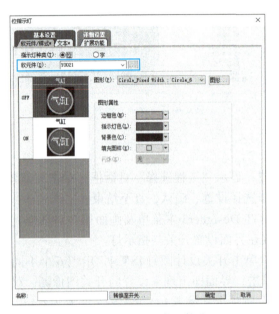

图 2-4-35　位指示灯软元件设置

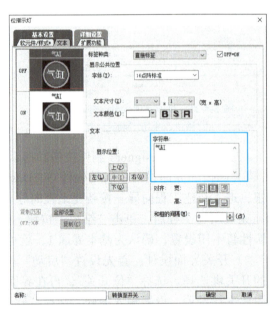

图 2-4-36　位指示灯文本设置

最后得到如图 2-4-18 所示触摸屏界面。

4）将设计好的界面传输到触摸屏。菜单栏选择"通讯"→"写入到 GOT"（见图 2-4-37），弹出"通讯设置"对话框如图 2-4-38 所示，选择"RS232"后单击"确定"按钮弹出"与 GOT 的通讯"对话框，将工程全部打钩，如图 2-4-39 所示，最后单击"GOT 写入"按钮，下载过程中，不要中断和停电（下载时，驱动器原来的工程式数据将会被删除）。

计算机就与触摸屏进行通信，将界面下载至触摸屏，下载完成后，触摸屏会自动启动，设计的界面就会在触摸屏屏幕上显示出来。

图 2-4-37　写入到 GOT

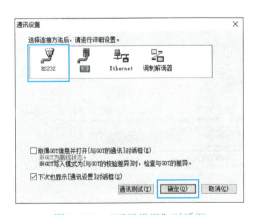

图 2-4-38　"通讯设置"对话框

图 2-4-39　"与 GOT 的通讯"对话框

5. 系统调试

根据表 2-4-5 调试气缸送料系统进行调试，并将结果填入表中。

表 2-4-5　功能调试表

触摸屏		
序号	功能	该功能是否正常（正常打√）
1	画面能下载到触摸屏	
2	按"启动"按钮送料装置能启动	
3	按"停止"按钮送料装置能停止	
4	"气缸"指示灯能正常亮灭	
5	"启动"指示灯能正常亮灭	
PLC		
序号	功能	该功能是否正常（正常打√）
1	程序能下载到 PLC	
2	按启动按钮送料装置能起动	
3	按停止按钮送料装置能停止	
气动机械		
序号	功能	该功能是否正常（正常打√）
1	气缸能正常伸缩	
2	放入工件，工件按要求打到输送带	

三、用 GOT 触摸屏控制输送带单元的运行

1. 输送带装置的控制要求

（1）执行机构的驱动方式

输送带执行机构采用变频器控制，详细工作原理参考图 2-4-19。

（2）工作任务要求

按下启动按钮或触摸屏启动开关后系统启动，输入数值"15"或"25"后输送带按照 15Hz 或 25Hz 频率运行，工件到达输送带末端，输送带停止。

（3）人机界面监控功能

"启动"按钮、"停止"按钮能够控制系统启动、停止，系统启动后"启动"指示灯亮，"设定频率"输入框能控制输送带运行频率，"当前频率"显示框能显示输送带当前频率，如图 2-4-40 所示。

（4）安全保护功能

运动机构不能发生碰撞，停机时须人工处理完已送出工件后才能重新启动。

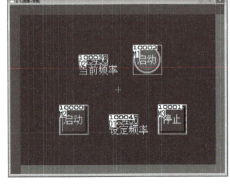

图 2-4-40　触摸屏界面

2. 任务设计流程

根据系统设计要求，分析、制订控制系统技术要求及控制方案，并在机电一体化设备上完成如下工作：

1）编写、调试 PLC 控制程序。

2）创建、调试触摸屏控制界面。

3）设置变频器参数。

4）进行系统调试，满足系统功能要求。

所设计的 PLC 程序调试时应仔细检查和调整各单元中机械元件相关位置，气动元件气阀的开度，电气元器件各传感器的位置和灵敏度参数，调整各驱动机械的参数设置等，使系统各单元动作定位准确，运行正常，符合控制要求。

3. 编写、调试 PLC 控制程序

1）根据任务要求写出 I/O 分配表（见表 2-4-6）。

表 2-4-6　I/O 分配表

PLC			
输入		输出	
元件	地址	元件	地址
启动按钮 SB1	X3	STF 变频器正转	Y4
停止按钮 SB2	X4	RH 变频器高速	Y6
输送带末端传感器	X24	RL 变频器低速	Y7
触摸屏			
输入		输出	
对象	地址	对象	地址
"启动"按钮	M2	"气缸"指示灯	Y21
"停止"按钮	M3	"启动"指示灯	M1
变频器频率输入	D1	变频器频率显示	D2

2）绘制 PLC I/O 接线图。参考表 2-4-6，整理需要用到的输入、输出口，绘制料盘送料装置 PLC I/O 接线图，如图 2-4-41 所示。

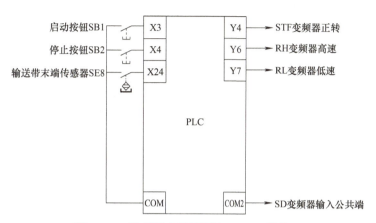

图 2-4-41　绘制料盘送料装置 PLC I/O 接线图

3）完成梯形图。根据任务要求和 I/O 分配表完成梯形图，如图 2-4-42 所示。

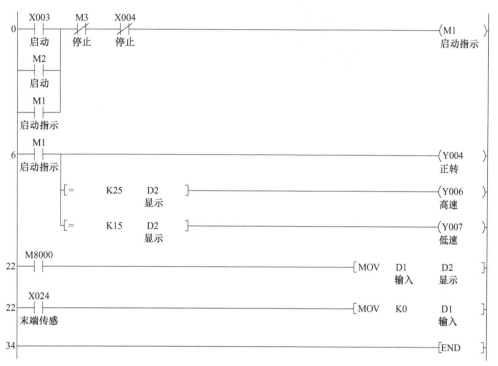

图 2-4-42　气缸送料装置梯形图

4）梯形图程序下载到 PLC。

4. 创建、调试触摸屏控制界面

1）参考前文创建工程、绘制按钮和指示灯。

2）创建数值输入框。选择菜单栏"对象"→"数值显示/输入"→"数值输入"，如图 2-4-43 所示，在触摸屏界面中单击放置 123048 ，移动到适当位置；双击该"数值输入框"，打开"数值输入"对话框，选择"软元件/样式"选项卡，根据触摸屏 I/O 分配表在"软元件"

区域输入"D1",如图2-4-44所示;根据任务要求,需要限制在15、25,所以把输入条件设置为只能输入这两个数值,选择"输入范围"选项卡,单击  添加按钮添加输入条件,单击"范围"按钮,如图2-4-45所示,打开"范围的输入"把"A"和"B"的关系通过下拉选项改为"=",把"B"数值改为"15",如图2-4-46所示,单击"确定"得到条件限制输入为15。条件设置"25"方法与上述相似。

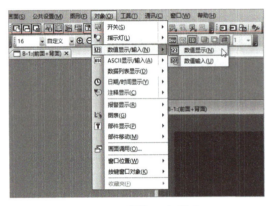

图2-4-43　数值显示/输入

图2-4-44　数值输入设置—软元件

图2-4-45　数值输入设置—输入范围

图2-4-46　输入范围设置

3)创建数值显示框。选择菜单栏"对象"→"数值显示/输入"→"数值显示",如图2-4-43所示,在触摸屏界面中单击放置 123456 ,移动到适当位置;双击该"数值显示框",打开"数值显示"对话框,选择"软元件/样式"选项卡,根据触摸屏I/O分配表在"软元件"区域输入"D2",如图2-4-47所示。

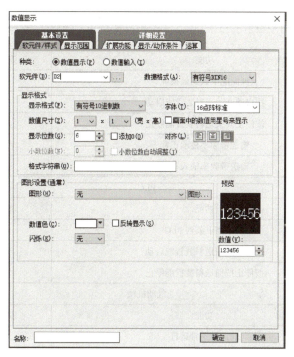

图 2-4-47 数值显示—软元件

4）"设定频率"文本。选择菜单栏"图形"→"文本"，如图 2-4-48 所示，在频率输入框下单击打开"文本"对话框，在"字符串"区域填入"设定频率"，如图 2-4-49 所示，得到"设定频率"图形；"当前频率"文本设置与上述相似，填入"当前频率"即可得到"当前频率"图形。

图 2-4-48 "文本"命令

图 2-4-49 "文本"对话框

5）按照图 2-4-40 放置并按照任务要求设置完成后，下载到触摸屏。

5. 设置变频器参数

根据任务要求，变频器设置外部模式，上限 Pr.1=30，低速 Pr.6=15，高速 Pr.4=25。

6. 系统调试

根据表 2-4-7 调试气缸送料系统，并将结果填入表中。

表 2-4-7　功能调试表

触摸屏		
序号	功能	该功能是否正常（正常打√）
1	画面能下载到触摸屏	
2	按启动开关送料装置能启动	
3	按停止开关送料装置能停止	
4	输送带频率显示正常	
5	输送带频率输入正常	
PLC		
序号	功能	该功能是否正常（正常打√）
1	程序能下载到 PLC	
2	按启动按钮送料装置能启动	
3	按停止按钮送料装置能停止	
气动机械		
序号	功能	该功能是否正常（正常打√）
1	输送带正常运行	
2	工件到达输送带末端能停止	

▶▶ 能力拓展

触摸屏多画面切换的制作

一、工作任务准备

画面切换开关：在触摸屏设计上，可根据工程需求设置多个基本画面，分别用于对不同功能的操作或显示；并分别在多个基本画面上设置相互切换的按钮，可灵活地在多个画面间进行切换，如图 2-4-50 所示。画面切换方法有以下两种：

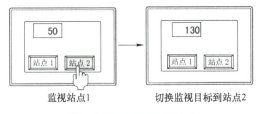

图 2-4-50　画面切换图示

1. 通过 PLC 程序，改变 D0 的值进行画面切换

路径是：公共设置→系统环境→画面切换；并进行相关配置，如图 2-4-51 所示。

图 2-4-51　画面切换

D0 的值对应基本画面编号：D0=0，画面消失；D0=1，切换至 1 # 画面；D0=2，切换至 2 # 画面。

2. 通过画面切换开关进行画面切换

创建画面切换开关图标路径："对象"→"开关"→"画面切换开关"，如图 2-4-52 所示，或单击开关标志"S ▼"，选择"画面切换开关"（注意与一般开关不同的图标）。

图 2-4-52　通过画面切换开关切换画面

将画面切换开关配置在画面上，双击画面切换开关框，调出对话框进行设置，如图 2-4-53 所示。

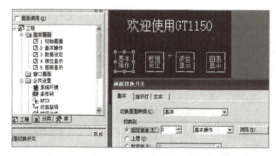

图 2-4-53　画面切换开关

二、工作任务描述

自动化生产线具有两种工作模式：自动和手动模式。工作模式间应互锁，由转换开关切换。

1）自动模式：生产线起动后能自动循环实现工件的送料、材质识别、材质分拣与连续输送。正常停机时，能处理完已送出工件后自动停机，按起动按钮后重新运行。

送料装置感应到物料工件后，将物料工件推出，物料工件上输送带后，输送带以中速运行。经检测如为金属工件，则继续中速运行至推杆装置前停行，并推入指定的回收箱结束本次分拣任务；处理工件后，输送带停止。如检测为非金属工件，则直接向前高速传送至输送带末端并自动停行，结束本次分拣任务。

2）手动模式：可分别控制各执行机构的动作，便于设备调试与调整。

三、工作任务要求

根据系统设计要求，分析、制订控制系统技术要求及控制方案，并在实训／考核设备上完成如下工作：

1）触摸屏监控画面设计与调试：不少于两幅用户界面，各操控界面人机交互性好，界面切换方便。

2）变频器参数设置与调整。

3）PLC 控制程序设计与调试。

4）系统调试，满足功能要求。

所设计的 PLC 程序调试时，应仔细检查和调整各单元中机械元件相关位置、气动元件气阀的开度、电气元器件各传感器的位置和灵敏度参数，调整各驱动机械的参数设置等，使系统各单元动作定位准确，运行正常，符合控制要求。

四、工作任务实施

1）根据任务要求写出 I/O 分配表。

2）根据任务要求绘制触摸屏界面，如图 2-4-54 ～图 2-4-57 所示。

图 2-4-54　新建画面

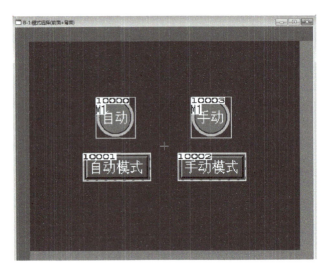

图 2-4-55　模式选择

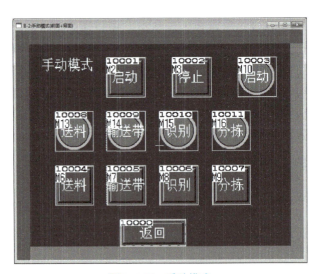

图 2-4-56　手动模式

3）用 GX 编程软件编制 PLC 控制程序。先根据设计好的主程序梯形图草图，编写好主程序，再根据设计好的状态流程图，编写状态转移程序，并不断地修改优化程序并保存。

4）设定变频器参数，调试变频器。将变频器设置处于内部控制状态（PU 模式），再根据任务要求设定好变频器参数，再将变频器设置处于外部控制状态（EXT 模式）。

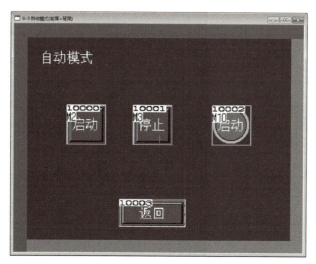

图 2-4-57 自动模式

5）把编制好的程序下载到 PLC 中进行调试和修改。程序调试时，应仔细检查和调整各单元中机械元件相关位置、气动元件气阀的开度、电气元器件各传感器的位置和灵敏度参数，调整各驱动机械的参数设置等，并不断对 PLC 程序进行修改和完善，使系统各单元动作定位准确，运行正常，符合系统控制要求。

≫ 任务评价

1. 请对本任务所学"工业组态屏"的相关知识、技能、方法及任务实施情况等进行评价。

2. 请总结、归纳本任务学习的过程，分享、交流学习体会。

3. 填写任务评价表（见表 2-4-8）。

表 2-4-8 任务评价表

班级		学号		姓名			
任务名称	（2-4）任务四 工业组态屏（三菱）的安装及调试						
评价项目	评价内容	评价标准		配分	自评	组评	师评
知识点学习	工业组态技术	简单描述工业组态技术的理念		5			
	了解三菱组态屏	能正确描述三菱组态屏		5			
	了解三菱组态软件的特点	能正确描述组态软件的特点		10			
技能点训练	识读各部分电气接线图	能正确识读电路接线图		5			
	理解 I/O 分配表	能根据任务需求理解 I/O 分配表		10			
	理解接线图	能根据 I/O 分配表理解接线图		10			
	识理解梯形图	能根据 I/O 分配表理解梯形图		10			
	设计触摸屏界面	能根据 I/O 分配设计触摸屏界面		20			
	气缸送料装置调试	在实训设备上，正确调试送料装置效果		10			
思政点领会	科技以人为本	通过触摸屏的交互作用，体现科技以人为本，提升用户体验的发展理念		5			

（续）

评价项目	评价内容	评价标准	配分	自评	组评	师评
专业素养养成	安全文明操作	规范使用设备及工具	10			
	6S 管理	设备、仪表、工具摆放合理				
	团队协作能力	积极参与，团结协作				
	语言沟通表达能力	表达清晰，正确展示				
	责任心	态度端正，认真完成任务				
合计			100			
教师签名			日期			

▶▶ 总结提升

一、任务总结

1. 工业组态指操作人员根据系统控制任务的要求，配置用户应用软件去完成当前任务要求的过程。

2. 触摸屏是新型的人机界面，是操作人员和机器设备之间进行双向沟通的桥梁，主要完成现场数据的采集与监测、处理与控制。

3. 三菱触摸屏特点：更加轻巧，高亮度背光灯，高防护等级。

4. 三菱组态软件 GT Designer3 特点：易上手、针对工业方面多种控制功能、轻松实现与机械进行交互和管理。

二、思考与练习

1. 填空题

（1）_____，意思有设置、配置等含义，就是模块任意组合的状态。

（2）_____作为一种新型的人机界面，简单易用，有强大的功能及优异的稳定性，使它非常适合用于工业环境，应用非常广泛。

（3）三菱触摸屏特点：_____，_____，_____。

（4）生产线的组成主要有：_____、_____、_____、_____、_____。

2. 选择题

（1）以下不是触摸屏作为人机界面的主要用途的是（　　　）。

A. 作为操作显示面板使用

B. 作为编程器使用

C. 作为 POP 终端使用

D. 作为信息数据终端使用

（2）（多选）触摸屏的优点有（　　　）。

A. 减少各种面板安装

B. 节约配线成本

C. 实现面板的标准化

D. 提高人机接口的效率

（3）GOT触摸屏与PLC连接，PLC端接口与触摸屏接口分别为（　　　）。

A. RS422、RS422　　　　　　　　B. RS422、RS232

C. RS232、RS422　　　　　　　　D. RS232、RS232

（4）以下哪个软元件不能作为组态屏控制对象？（　　　）

A. Y0001　　　　　　　　　　　　B. M0100

C. D0010　　　　　　　　　　　　D. X0007

3. 简答题

（1）简述工业组态技术是怎样的。

（2）简述什么是触摸屏。

（3）查看PLC I/O接线图，简述气缸送料装置各引脚的接线端。

（4）简述应用组态软件设计触摸屏界面的步骤和方法。

（5）简述本任务设计流程步骤及方法。

（6）简述电气线路的检测及调试方法。

任务五　智能仓储单元的检测及应用

▶ 知识目标

1. 了解常用智能仓储系统的基本知识。

2. 了解智能制造中智能仓储单元的核心控制器件及智能控制技术。

3. 掌握智能仓储单元常用的传感器模块、步进电动机定位控制模块等的使用方法。

4. 掌握电气线路识读的方法及步骤。

5. 掌握设备气路、电路的调试方法。

▶ 能力目标

1. 查阅相关资料，能简述常用智能仓储系统的基本知识。

2. 能正确使用常用传感器和步进电动机驱动模块等。

3. 能根据电气线路图的识别原则，正确识读电气线路图，能按照图样准确找到各元器件及接线端。

4. 在教师的指导下，对设备通电运行，能熟练对设备的电路、气路进行检测调试，学会正确、规范的调试方法。

5. 能初步学会编写"智能仓储单元"简单的PLC控制程序及运行调试。

▶ 素养目标

1. 树立学生认真专注的学习态度，保质保量地完成学习任务，培养"课前预习、课中学习、课后复习"的良好学习习惯；培养学生团队合作的精神。

2. 培养学生具有劳模精神、工匠精神和爱国主义情怀。

3. 培养学生认真对待每一项工作，做到"一丝不苟、严肃细致"，树立职业与安全意识。

规范标准（国家标准、行业标准、JIS工艺标准等）

1. GB/T 786.1—2021《流体传动系统及元件　图形符号和回路图　第1部分：图形符号》
2. GB/T 4728.1—2018《电气简图用图形符号　第1部分：一般要求》
3. GB/T 12350—2022《小功率电动机的安全要求》
4. GB/T 40131—2021《减速永磁式步进电动机通用规范》
5. JIS B3501—2004《可编程控制器——一般信息》
6. JIS C0617-1—2011《简图用图形符号　第1部分：一般信息、通用索引、对照参照表》

▶▶ 学习情境

近年来，智能制造业物料存储系统朝着更加智能化和精益化的方向发展。我国的物流业发展快速，更促进了智能物流设备朝着自动化和智能化的发展，其中的自动化立体仓库是典型的智能化物流设备，其融合了物流信息技术和自动化技术，是现代智能制造业设备的代表之一。

自动化立体仓库在物流仓储中是首选的设备，它由巷道式堆垛起重机构、立体货架、入（出）库工作台和自动运进（出）及控制操作系统组成，自动化控制系统全程采用机器小车拣货，货架整体布置非常密集，如图2-5-1所示。自动化立体仓库可以为企业带来更高的效益，它不仅大大提升了货物的存储量，还提高了货物存取的效率，同时实现货物的自动拣选、盘点等，优势很多，在服装纺织、医药化工、生产制造、纺织皮革、食品冷库、汽配、印刷出版、地铁、机场等领域广泛应用。目前很多企业都想实现货物的自动化存储，以提高仓库的作业效率。

图2-5-1　自动化立体仓库

在本任务中，自动化生产线或智能控制工作平台均包含了智能仓储部分，仓储系统主要是以简单的工件搬运及精确定位存储，学习本任务后，能对自动化仓储系统有一定认识。

 获取信息

子任务一 智能仓储单元的认知

※ 任务描述

通过学习或查阅智能仓储系统的相关资料，对当前智能仓储技术有基本的认识；通过本任务能学到智能仓储系统所涉及的核心器件、控制方式等知识，并能规范地使用相关器件或模块。

※ 任务目标

1. 通过查阅相关资料，了解当前智能仓储系统的技术，能简述智能仓储系统的基本组成和基本控制过程、控制方式。

2. 通过学习自动化生产线或智能控制工作平台中智能仓储的控制技术，能按照职业标准要求规范地使用步进电动机定位控制模块、传感器模块、仓储机械手模块、气动控制模块等。

※ 知识点

本任务知识点列表见表 2-5-1。

表 2-5-1 本任务知识点列表

知识点	具体内容	知识点索引
智能仓储单元器件识别及应用	一、自动化生产线吸盘式移动机械手 1. 移动机械手模块组成 2. 移动机械手模块功能 二、步进电动机及步进电动机驱动器 三、PLC 脉冲输出指令 PLSY 介绍 1. PLSY 指令介绍 2. PLSY 指令使用说明 3. PLSY 指令应用举例 四、真空发生器 五、真空吸盘	新知识

知识活页　智能仓储单元器件识别及应用

 问题引导

1. 吸盘式移动机械手的组成及功能是什么？
2. 真空吸盘有什么用途？简述真空发生器的工作原理。
3. 真空吸盘的分类是怎样的？

◆ 知识学习

一、自动化生产线吸盘式移动机械手

1. 移动机械手模块组成

移动机械手又称龙门架，如图 2-5-2 所示，该模块由 X 轴（丝杠机构）和 Y 轴（装有直线气缸、吸盘以及真空发生器）构成。步进电动机用来驱动 X 轴移动定位，放置限位传感器用来确定机械手处于原点位置。智能仓储单元配套有电气控制系统（PLC）和气动回路，其结构简图如图 2-5-3 所示。

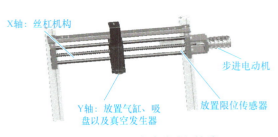

图 2-5-2　吸盘式移动机械手

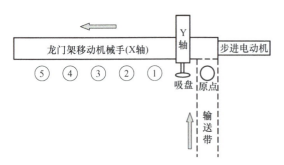

图 2-5-3　智能仓储单元结构简图

2. 移动机械手模块功能

生产过程中，当前面流程的输送带将工件传送到输送带末端时，输送带末端传感器检测到工件到位，并将信号反馈给 PLC，吸盘移动机械手在 PLC 程序的驱动下，Y 轴气缸下降，真空吸盘将工件吸住，然后由步进电动机通过驱动 X 轴丝杠机构运动，将工件移动至指定仓位放置，实现了精准定位。

二、步进电动机及步进电动机驱动器

步进电动机的工作原理：当电动机接收到电脉冲信号（一般为方波）时，电动机绕组因得电而旋转，从而使电动机的旋转变为角位移或线位移。它一般是采用开环控制，电动机的转速和停止的位置只取决于脉冲信号的频率和脉冲数。

步进电动机驱动器的作用：对控制器送来的控制脉冲进行环形分配、功率放大，使步进电动机绕组按一定顺序通电，控制步进电动机转动。

三、PLC 脉冲输出指令 PLSY 介绍

1. PLSY 指令介绍

该指令称为"脉冲输出指令"，指令结构如图 2-5-4 所示，其功能是：在目的操作元件上产生指定频率和数量的占空比为 50% 的脉冲。

S1：指定频率，16 位指令设定范围为 2～20000Hz，32 位指令设定范围为 1～100000 Hz。

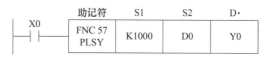

图 2-5-4　PLSY 指令结构

S2：指定产生脉冲量，16 位指令设定范围为 1～32767（PLS），32 位指令设定范围为 1～2147483647（PLS），当设定为 0 的时候为连续输出脉冲。

D：指定输出脉冲 Y 编号，仅限于 Y0 或 Y1 有效，采用中断方式直接输出（使用晶体管输出方式）。

2. PLSY 指令使用说明

1）指定脉冲数输出完毕，标志位 M8029 置 1，当指令触发信号为 OFF 时，M8029 复位。从 Y0 或 Y1 输出脉冲数将保存于特殊数据寄存器中，见表 2-5-2。

表 2-5-2　特殊数据寄存器功能表

特殊数据寄存器	功能
D8140（低位） D8141（高位）	PLSY 指令的 Y0 脉冲输出总数
D8142（低位） D8143（高位）	PLSY 指令的 Y1 脉冲输出总数
D8136（低位） D8137（高位）	Y0 和 Y1 脉冲输出总数

2）指令执行过程中，触发信号从 ON 变为 OFF 时，脉冲输出停止。触发信号再次为 ON 时，重新开始输出 [S2.] 指定的脉冲数。

3）脉冲输出指令在一个程序中只能使用一次，且输出脉冲的频率较高时应选用晶体管输出型 PLC。

3. PLSY 指令应用举例

图 2-5-5 为 PLSY 指令应用举例。如图 2-5-5a 所示，当输入端 X0 接通时，则高速输出端 Y0 输出 1Hz 频率的脉冲，输出的脉冲个数由 16 位寄存器 D0 指定，指令使用 PLSY；如图 2-5-5b 所示，当输入端 X1 接通时，则高速输出端 Y1 输出频率为 2Hz 的脉冲，输出的脉冲个数由 32 位存储器 D1D0 指定，指令使用 DPLSY。

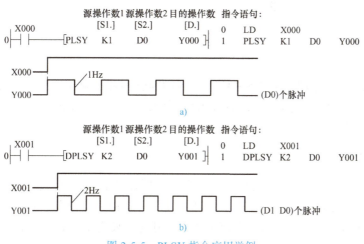

图 2-5-5　PLSY 指令应用举例

应用 PLSY 脉冲输出指令，实现步进电动机正反转控制，具体的梯形图程序如图 2-5-6 所示，当 X0 接通时正转，当 X1 接通时反转，Y2 是控制反转的信号。

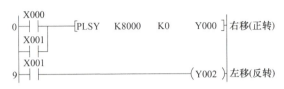

图 2-5-6　步进电动机正反转控制梯形图程序

四、真空发生器

真空发生器就是利用正压气源产生负压的一种新型、高效、清洁、经济、小型的真空元器件（见图 2-5-7），这使得在有压缩空气的地方，或在一个气动系统中同时需要正、负压的地方获得负压变得十分容易和方便。真空发生器广泛应用在工业自动化中机械电子、包装、印刷、塑料及机器人等领域。

图 2-5-7　真空发生器

真空发生器的结构及符号如图 2-5-8 所示。真空发生器根据喷射器原理产生真空，当压缩空气从进气口 1 流向排气口 3 时，在真空口 1V 上就会产生真空。吸盘与真空口 1V 连接。如果在进气口 1 无压缩空气，则抽空过程就会停止。

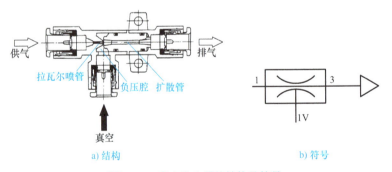

a) 结构　　　　　　　　　　　　　　b) 符号

图 2-5-8　真空发生器的结构及符号

真空发生器的工作原理如图 2-5-9 所示。利用喷管高速喷射压缩空气，在喷管出口形成射流，产生卷吸流动。在卷吸作用下，喷管出口周围的空气不断地被抽吸走，从而使吸附腔内的压力降至大气压以下，形成一定真空度。

五、真空吸盘

真空吸盘是利用吸盘内形成的负压（真空）来吸附工件的一种气动元件，常用作机械手的抓取机构，适用于抓取薄片状的工件，如塑料片、硅钢片、纸张（盒）及易碎的玻璃器皿等，要求工件表面平整光滑、无孔和无油污。利用真空吸附工件最简单的工具是由真空发生器和真空吸盘构成一体的组件。典型的真空组件由真空发生器、真空吸盘、压力开关和控制阀构成。表 2-5-3 列出了几种真空吸盘的形状及用途。

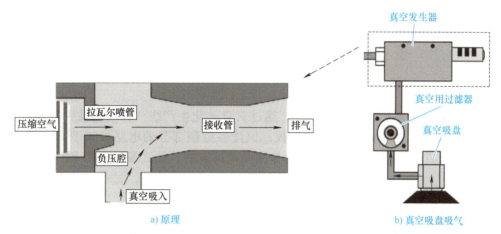

a) 原理　　　　　　　　　　　　　　　　b) 真空吸盘吸气

图 2-5-9　真空发生器的工作原理

表 2-5-3　真空吸盘的形状及用途

序号	类型	形状	适合吸吊物	序号	类型	形状	适合吸吊物
1	平直型（U）		表面平整不变形的工件	3	风琴型（B）		没有安装缓冲的空间、工件吸着面倾斜的场合
2	深凹型（D）		呈曲面形状的工件	4	头可摇摆型		工件吸着面倾斜的场合

任务实施

子任务二　智能仓储单元的检测及调试

※ 任务描述

本任务主要以自动化生产线为载体，通过对自动化生产线"移动机械手智能仓储模块"的结构观察、操作运行，熟悉其工作过程；识读各控制部分的电路接线图，掌握电气接线图的识读步骤及方法，学会电路、气路的检测及调试方法，尝试编写PLC程序并运行和调试功能。

※ 任务目标

1.能根据电气线路图的识别原则，正确识读电气线路图，并能按照图样准确找到各元器件及接线端。

2.通过观察智能仓储单元的实训设备，识别相关传感器、步进电动机驱动系统、吸盘机械手等器件或模块，学会其使用方法。

3.通电试运行，在教师的指导下，对设备的电路、气路进行检测与调整。

4.根据移动机械手仓储的功能要求，编写PLC程序并运行和调试。

※ 设备及工具

设备及工具见表2-5-4。

表 2-5-4　设备及工具

序号	设备及工具	数量
1	自动化生产线（设备）	1台
2	万用表	1个
3	三菱 PLC 软件：GX Developer	1套
4	三菱触摸屏软件：GT3	1套
5	内六角螺丝刀、一字螺丝刀、十字螺丝刀、斜口钳等	1套
6	导线、排线等	1套

实训活页一　电气接线图的识读及线路检测

一、电气接线图识读

1. 识读 PLC 的 I/O 接线图

智能仓储单元的 I/O 接线图如图 2-5-10 所示。在本单元中，输入点包括 1# 工位、2# 工位、3# 工位、步进电动机原点传感器、吸盘上升限位和吸盘下降限位；输出点包括步进电动机驱动器脉冲（2Y0）、步进电动机驱动器方向控制、吸盘上升、吸盘下降、吸盘释放和吸盘吸附。

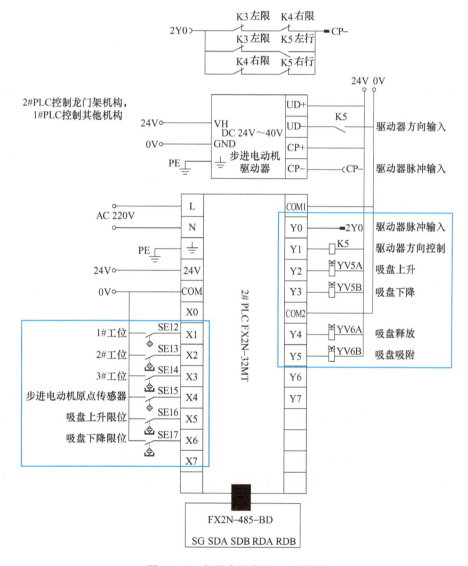

图 2-5-10　智能仓储单元 I/O 接线图

自动化生产线的智能仓储单元电气功能接线区包含步进电动机驱动系统模块上的接线区、气动电磁阀组上的接线区、传感器组上的接线区，具体接线区域划分见表 2-5-5，PLC 的 I/O 分配表见表 2-5-6。

表 2-5-5　智能仓储单元电气功能接线区域划分

序号	接线区	PLC 接线端口
1	步进电动机驱动系统接线区	Y0、Y1
2	气动电磁阀组接线区	Y2、Y3、Y4、Y5
3	传感器组接线区	X4、X5、X6

表 2-5-6　PLC 的 I/O 分配表

输入端（I）			输出端（O）		
序号	外接元件	PLC 输入点	序号	外接元件	PLC 输出点
1	1# 工位	X1	1	驱动器脉冲输入（2Y0）	Y0
2	2# 工位	X2	2	驱动器方向控制	Y1
3	3# 工位	X3	3	吸盘上升	Y2
4	步进电动机原点传感器	X4	4	吸盘下降	Y3
5	吸盘上升限位	X5	5	吸盘释放	Y4
6	吸盘下降限位	X6	6	吸盘吸附	Y5

2. 识读"步进电动机驱动器"电气接线图

智能仓储单元的电气图主要包含步进电动机驱动系统电气图、电磁阀和传感器的电气接线图，电气接线图相对较为复杂，在查看图样时，需要按模块分步骤识读，避免造成混乱。下面主要介绍步进电动机驱动器的电气接线图，并在自动化生产线找到相应位置及接线端口。步进电动机驱动模块接线图如图 2-5-11 所示。

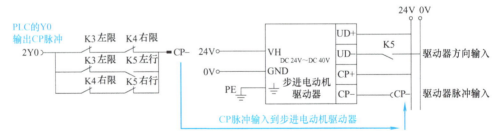

图 2-5-11　步进电动机驱动模块接线图

从 PLC 的 Y0 输出 CP 脉冲信号，经过 K3、K4 限位开关和 K5 继电器，输入到步进电动机驱动器，从而驱动步进电动机运行。当步进电动机运行到左限位或右限位时，CP 脉冲线路将断开，从而使步进电动机停止。

Y1 的输出控制 K5 继电器线圈，从而控制步进电动机的方向。当 K5 线圈得电，K5 的常开触点连通，丝杠吸盘机械手左行；当 K5 线圈失电，K5 继电器不动作，丝杠吸盘机械手右行。

二、移动机械手气路的检测及调试

1. 气路要求及调试准备

1）所有气动元件安装应牢固。

2）气路绑扎要牢固，连接可靠不漏气，布局合理、美观，无妨碍机械手运转情况。

3）机械手安装牢固，动作无撞击、平稳。

4）调试前先检查三联件中的过滤器滤杯内是否有积水，若有，则松开杯底螺栓排水。

5）检查电控箱电源是否关闭。

6）开启压缩机，将三联件慢慢调整至所需压力。

7）打开回路的气源，若有漏气，应立即关闭并检查回路是否正确。

2. 气路系统调试

1）接通气源后初始状态：Y 轴气缸应在上限位，真空吸盘应该放松，如位置（状态）不正确，可调整气管进出口纠正。

2）调试回路前先将各气缸中的单向节流阀旋紧再放松 1/2 圈。

3）手动按压各电磁阀的手控按钮，观察气缸动作情况，同时调整单向节流阀开度，直到各气缸动作无撞击、平稳，并紧固单向节流阀螺钉。

4）动作中不可停留或置物于气缸行程中，以免引发危险造成损伤。

5）调试过程如有任何不正常动作或状况，应立即关闭气源。

6）调整完成后，将三联件的压力调整阀关闭，关闭回路气源。

三、移动机械手电路检测及调试

在使用安装完成的设备前，首先要检查电源电路是否安装正确，确认电源安装正确后，再通电试运行。

1. 传感器的检测

通电后，按照模块功能，依次对各传感器信号进行检测，看信号的输出是否正确，并填写表 2-5-7。注意：检测位置应尽量靠近单片机或 PLC 的信号接收引脚。

表 2-5-7　智能仓储单元传感器检测表

序号	位置	对应的传感器或器件	对应的 I/O 接口	接线端线码	检测接口的信号（或观察 PLC 对应输入口）是否正确（正确打"√"或记录）
1	吸盘上升限位	磁性开关	X5		
2	吸盘下降限位	磁性开关	X6		
3	步进电动机原点位置	电感传感器	X4		

2. 电磁阀的检测

电磁阀的检测除了通过手动按电磁阀阀门的方式，观察气动元件的动作过程外，也可以通过接电的方式进行测试，检查电磁阀的动作是否正确。

方法一：打开气阀开关，逐一通过接电的方式，给电磁阀通电，观察气缸的运动状态，确定电磁阀及气路是否安装正确，并填写表 2-5-8。注意：必须要确保测试引脚能接电不损坏器件，才可通过此方式测试。

表 2-5-8　智能仓储单元电磁阀检测表

序号	位置		电磁阀类型	对应的 I/O 接口	接线端线码	在接线端对应的线码，接入 24V，观察动作过程	强制 PLC 输出口，观察动作过程
1	Y 轴气缸	上升位置	双线圈	Y2			
2		下降位置	双线圈	Y3			
3	真空吸盘	吸盘吸附	双线圈	Y4			
4		吸盘释放	双线圈	Y5			

方法二：运行 PLC，在 PLC 程序监控模式中，直接给要测试电磁阀的输出口进行强制输出。

3. 步进电动机测试

步进电动机运行及方向的测试不能简单地以直接接电的方式去测试。需要利用单片机或 PLC 编写简易程序去控制，才能确定步进电动机的运行是否正确。

➤➤ 素养提升

安全规范操作，秉持"精益求精"的工匠精神

安全操作规程是规定的程序，要求员工在日常工作中遵循以确保安全。忽视操作规程在生产中的重要作用，可能引发各种安全事故，严重危及生命安全，造成不可挽回的人生遗憾。

在日常的工作、生活及学习中，我们要严格遵守安全操作规程，遵守规则，不断学习，进一步提高安全意识。例如，在电路调试或电气设备检修维护（见图 2-5-12）过程中，我们要明确操作步骤，注意安全操

图 2-5-12 电气设备检修维护

作规范，防止出现电源短路或因操作不当导致仪器损坏等现象，树立安全生产、安全操作的意识。

同时，要具备故障排查及解决的能力，离不开我们对基本技能的掌握，在学生时代，我们更应该秉持"精益求精"的工匠精神，认真细致识读电气线路图，规范调试电气设备，从简单入手，筑牢技能基础，才能不断提高自身的技术技能水平，为国家"智能制造，强国战略"贡献力量。

实训活页二　PLC 程序编写及调试

一、"工件分装入仓功能调试"任务书

1. 系统工作模式

采用自动模式：生产线启动后采用单周期运行实现工件的入仓输送。

2. 原点回归动作

各机构必须处于原点位置（原点指示灯亮），系统才能启动运行，要求按下原点复位按钮，系统自行复位；原点状态为：龙门架步进电动机处于原点（靠近输送带一侧）位置，升降气缸处于上升状态，吸盘处于释放状态。

3. 入仓控制要求

1）龙门架由 PLC 脉冲定位入仓，要求各种工件依次按顺序放入 1～5 号仓位（1 号仓位最靠近输送带，5 号最远），仓满后，指示灯亮，不再传送工件，需要复位清零才能继续工作。

2）按下停止按钮，系统立即停止运行（若龙门架有吸附物料，则保持吸附状态）；再按下复位按钮，系统回归原点后才能重新启动运行。

3）指示灯分别显示系统的当前状态：系统运行时绿灯常亮，系统停止时红灯常亮，系统复位时黄灯常亮，仓满后，蓝灯亮。系统工作模式：采用自动模式，生产线启动后采用单周期运行实现工件的入仓输送。

4. 人机界面监控功能

1）自动运行的设备控制（按钮）与运行状态监视（指示灯）。

2）能实时显示机械手移动位置参数，能设定机械手脉冲定位入仓位置参数。

3）可自动统计并显示入仓工件的总数。

5. PLC 的 I/O 分配表

PLC 的接线图如图 2-5-10 所示，PLC 的 I/O 分配表见表 2-5-9。

表 2-5-9　PLC 的 I/O 分配表

输入端（I）			输出端（O）		
序号	外接元件	PLC 输入点	序号	外接元件	PLC 输出点
1	步进电动机原点传感器	X4	1	驱动器脉冲输入	Y0
2	吸盘上升限位	X5	2	驱动器方向控制	Y1
3	吸盘下降限位	X6	3	吸盘上升	Y2
			4	吸盘下降	Y3
			5	吸盘释放	Y4
			6	吸盘吸附	Y5

二、编程思路及剖析

1. 主程序梯形图

主程序参考的梯形图如图 2-5-13 所示，梯形图注释见表 2-5-10。

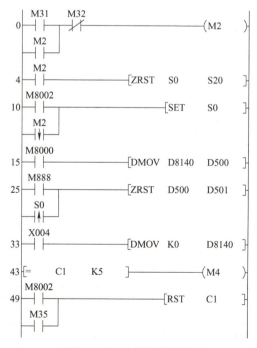

图 2-5-13　主程序梯形图

表 2-5-10　主程序梯形图注释

序号	软元件	注释	备注
1	M2	停止标志	
2	M4	仓满标志	
3	M31	停止按钮（触摸屏）	触摸屏拓展功能
4	M32	复位按钮（触摸屏）	触摸屏拓展功能
5	M35	计数清除按钮（触摸屏）	触摸屏拓展功能
6	M888	数据复位按钮（触摸屏）	触摸屏拓展功能
7	D500	工件当前位置显示（触摸屏）	触摸屏拓展功能
8	C1	工件计数显示（触摸屏）	触摸屏拓展功能

2. 状态流程图

状态流程图如图 2-5-14 所示，状态流程图注释见表 2-5-11。

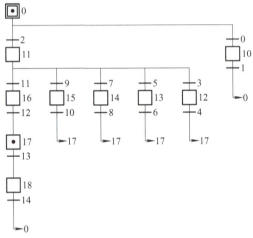

图 2-5-14　状态流程图

表 2-5-11　状态流程图注释

状态	注释
状态 0	初始状态，要求是复位运行标志，原点检测
状态 10	进入本状态条件：检测不在原点且按下复位按钮；状态内容：所有输出复位，吸盘上升，机械手移至右端，吸盘释放延时 1s
状态 11	进入本状态条件：检测为原点位置、入仓未满且按下启动按钮；状态内容：置位运行标志，工件入仓计数，吸盘下降，吸盘到下限位时，吸盘吸取工件并延时 1s
状态 12	进入本状态条件：入仓计数为 1；状态内容：传送工位 1 位置参数，吸盘上升，吸盘到上限位时，机械手左移至工位 1
状态 13	进入本状态条件：入仓计数为 2；状态内容：传送工位 2 位置参数，吸盘上升，吸盘到上限位时，机械手左移至工位 2
状态 14	进入本状态条件：入仓计数为 3；状态内容：传送工位 3 位置参数，吸盘上升，吸盘到上限位时，机械手左移至工位 3
状态 15	进入本状态条件：入仓计数为 4；状态内容：传送工位 4 位置参数，吸盘上升，吸盘到上限位时，机械手左移至工位 4
状态 16	进入本状态条件：入仓计数为 5；状态内容：传送工位 5 位置参数，吸盘上升，吸盘到上限位时，机械手左移至工位 5
状态 17	进入本状态条件：机械手左移至各工位结束；状态内容：吸盘下降，吸盘到下限位时，吸盘释放工件并延时 1s
状态 18	进入本状态条件：上状态延时 1s 后；状态内容：吸盘上升，机械手右移至右端停

3. 触摸屏界面

1）触摸屏界面如图 2-5-15 所示。

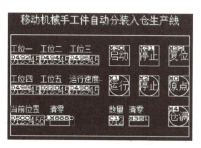

图 2-5-15　触摸屏界面

2）触摸屏界面注释见表 2-5-12。

表 2-5-12　触摸屏界面注释

序号	软元件	注释	备注
1	M0	原点标志	
2	M1	运行标志	
3	M2	停止标志	
4	M4	仓满标志	
5	M30	启动按钮（触摸屏）	触摸屏拓展功能
6	M31	停止按钮（触摸屏）	触摸屏拓展功能
7	M32	复位按钮（触摸屏）	触摸屏拓展功能
8	M35	计数清除按钮（触摸屏）	触摸屏拓展功能
9	M888	数据复位按钮（触摸屏）	触摸屏拓展功能
10	D500	工件当前位置显示（触摸屏）	触摸屏拓展功能
11	C1	工件计数显示（触摸屏）	触摸屏拓展功能

三、系统调试及功能

程序编写完成后，把程序传送到 PLC 并运行 PLC，打开气动三联件开启气源。根据系统控制要求，演示设备运行效果，对龙门机械手进行系统调试。

1）观察机械手的初始位置：观察机械手的双线圈电磁阀是否都有一个线圈处于接通状态，气缸的初始位置是否和要求一致，若不是，要考虑气路连接、气路方向是否正确、电磁换向阀是否故障等，查出原因进行调整。

2）观察传感器的状态：机械手各气缸按要求已到位，观察传感器的指示灯是否发光，若不发光，检查传感器的接线是否正确、传感器是否故障等，查出原因进行调整。

3）观察机械手的整个搬运过程：按下启动按钮，观察运行指示灯是否发光；机械手是否按任务要求连贯、正确动作；通过速度调节阀调整气缸动作速度，使之平稳运行。若不能，检查 PLC 的程序，观察 PLC 的输入、输出信号是否达到要求，查出原因进行调整。

4）观察机械手的停止：按下停止按钮，指示灯熄灭，整个系统停止工作。

任务评价

1. 请对本任务所学智能仓储单元的相关知识、技能、方法及任务实施情况等进行评价。
2. 请总结、归纳本任务学习的过程，分享、交流学习体会。
3. 填写任务评价表（见表 2-5-13）。

表 2-5-13　任务评价表

班级		学号		姓名			
任务名称	（2-5）任务五　智能仓储单元的检测及应用						
评价项目	评价内容	评价标准		配分	自评	组评	师评
知识点学习	吸盘式移动机械手	能叙述机械手的组成、功能和动作原理		5			
	步进电动机驱动模块	能描述步进电动机驱动模块的功能和使用方法		5			
	仓储机械手模块	能描述真空吸盘和真空发生器作用和工作原理		5			
技能点训练	电气接线图	能正确识读各模块的电路接线图		10			
	传感器安装与检测	能在实训设备上，正确安装、检测与调试传感器等器件		10			
	气路检测及调试	能在实训设备上正确调试气动元件和气路等		10			
	电路监测及调试	能在实训设备上识别电气元器件及其电气接口位置，并会正确检测线路		10			
	PLC 程序编写	能分析"工件分装入仓功能调试"任务书，能正确编写触摸屏和 PLC 程序		15			
	移动机械手运行调试	能对移动机械手系统进行成功调试		15			
思政点领会	安全规范操作，秉持"精益求精"的工匠精神	通过安全规范的操作、维护设备，体验"精益求精"的工匠精神		5			
专业素养养成	安全文明操作	规范使用设备及工具					
	6S 管理	设备、仪表、工具摆放合理					
	团队协作能力	积极参与，团结协作		10			
	语言沟通表达能力	表达清晰，正确展示					
	责任心	态度端正，认真完成任务					
合计				100			
教师签名				日期			

 总结提升

一、任务总结

1. 智能仓储系统是运用先进的控制和信息技术，对各种软硬件设备进行协调，完成工件自动化出入仓库作业的高度集成化的综合系统。

2.智能仓储系统是通过工控网络，将自动化控制器（PLC）、传感器技术、步进伺服定位技术、液压气动技术等连接起来，形成智能的仓储系统。

3.真空吸盘与真空发生器：真空吸盘是利用吸盘内形成的负压（真空）来吸附工件的一种气动元件，常用作机械手的抓取机构；而真空发生器是利用压缩空气（正压气源）的流动而形成一定真空度（负压）的一种气动元件。

4.气路的检测及调试要注意气动元件安装应牢固，连接可靠不漏气，各气缸动作无撞击、平稳。

5.PLC程序编写及调试，首先要正确分析仓储系统工作任务书，通过前期学习PLC编程基础知识，正确编写触摸屏和PLC程序，并根据工作任务书要求进行调试。

二、思考与练习

1.填空题

（1）气路的检测及调试要注意气动元件安装应牢固，连接可靠_____，各气缸动作无撞击、平稳。

（2）电感传感器又称金属接近传感器，主要用于判断工件是否为_____材质的功能。

（3）传感器信号的检测，主要看传感器响应后_____是否正确。

（4）电磁阀的检测除了可以通过手动按电磁阀阀门的方式，还可以直接由_____进行强制输出，检查电磁阀的动作是否正确。

2.选择题

（1）（　　　）是利用吸盘内形成的负压（真空）来吸附工件的一种气动元件，常用作机械手的抓取机构。

A.真空吸盘　　　B.气缸　　　　C.电磁阀　　　　D.汇流板

（2）（　　　）是利用压缩空气（正压气源）的流动而形成一定真空度（负压）的一种气动元件。

A.真空吸盘　　　B.真空发生器　C.电磁阀　　　　D.气缸

（3）电感式传感器有三根引出线，棕色线接_____电源线正极，蓝色线为电源线_____，接PLC的输入公共端，黑色为传感器的信号_____。（　　　）

A.24V、负极、输出端　　　　　　B.输出端、负极、24V

C.24V、输出端、负极　　　　　　D.输出端、24V、负极

（4）磁性开关可以通过调整安装位置来调整信号的输出。当磁性开关动作时，LED会_____；磁性开关不动作时，LED_____。（　　　）

A.不亮、亮　　　B.亮、不亮　　　C.不亮、不亮　　　D.亮、亮

3.简答题

（1）简述电气线路的检测及调试方法，可举例使用具体的元器件说明。

（2）简述气路检测及调试要求。

（3）气路连接时需要注意哪些事项？

（4）系统调试过程遇到了哪些问题？如何解决？

模块三

智能制造装备单片机技术应用

任务一　AGV 的检测及调试

▶ **知识目标**

1. 了解 AGV（自动导引车）的功能及应用场景。
2. 掌握 AGV 光电传感器的使用及检测方法。
3. 掌握 AGV 电动机驱动电路及控制方法。
4. 理解 AGV 寻迹的工作原理。
5. 掌握 AGV 故障检修方法。

▶ **能力目标**

1. 能正确描述 AGV 的功能及应用场景。
2. 能正确选用合适的光电传感器，按工艺标准安装，规范调试 AGV 电路。
3. 能按要求规范调试 AGV 电动机驱动电路。
4. 能根据任务要求，完成 AGV 电动机 PWM（脉宽调制）控制、寻迹、物料识别等功能的简单编程及调试。
5. 能根据故障检测步骤及方法，排除 AGV 出现的各种故障问题。

▶ **素养目标**

1. 培养学生认真细致、规范严谨的职业精神。
2. 培养学生安全规范操作的职业准则。
3. 培养学生团结协作的职业素养。

▶ **规范标准（国家标准、行业标准、JIS工艺标准等）**

1. GB/T 14479—1993《传感器图用图形符号》
2. GB/T 7665—2005《传感器通用术语》
3. GB/T 7666—2005《传感器命名法及代号》
4. JB/T 6475—2019《光电开关》
5. JIS C5010—1994《印制电路板的通用规则》
6. JIS C5012—1993《印制电路板的试验方法》

7. JIS C5013—1996《单面及双面印制电路板》

8. JIS C5610—1996《集成电路术语汇编》

▶▶ 学习情境

随着智能技术的不断发展和进步，AGV（自动导引车）（见图3-1-1）已经成为制造业生产运输中不可或缺的工具，为企业带来了许多便利。导引技术和自动化控制技术的不断提高，使得AGV更加灵活、可靠和智能化，达到了全新的水平。

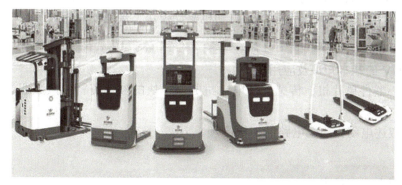

图 3-1-1　各种类型的 AGV

AGV在制造业中的应用取得了长足的进步，成为智能工厂和智能车间的重要组成部分。通过使用AGV代替工人执行装载、搬运和卸载等任务，实现了车间物流的自动化，从而极大地提高了生产自动化水平。通过完美结合AGV和生产线，每个环节的运输和上下料都可以自动完成，无需人力参与，并且还能够自动记录货物存放的位置，真正实现了无人化管理。

AGV在国内的应用场景越来越广泛，不仅在制造业，在物流业、柔性生产线、柔性装配线、机械加工、家电生产、医院护理、商务楼宇等领域也将发挥它的重要作用。AGV的应用，势必会在各行业掀起一场巨变，加快传统企业模式的转型升级。随着AGV技术不断提升改进，未来AGV将更加智能化、网络化和集成化。

▶▶ 素养提升

中国梦·科技梦·强国梦

以"科技梦"助推"中国梦"，中国科技创新实现历史性跨越。经过新中国成立以来特别是改革开放以来的不懈努力，尤其是近5年，我国科技发展取得举世瞩目的伟大成就，科技整体能力持续提升，一些重要领域方向跻身世界先进行列，某些前沿方向开始进入并行、领跑阶段，正处于从量的积累向质的飞跃、点的突破向系统能力提升的重要时期。

科技兴则民族兴，科技强则国家强。今天，我们比历史上任何时期都更接近实现中华民族伟大复兴的目标，比历史上任何时期都更有信心、更有能力实现这个目标。实现"中国梦"离不开"科技梦"的助推，面向世界科技前沿、面向经济主战场、面向国家重大需求，我们比历史上任何时期都更需要加快科技创新，掌握竞争先机。

工厂智能化已成为不可逆的发展趋势，在技术进一步发展的基础上，AGV已成为自动化技术升级重要的核心组成部分。未来AGV的应用场景将进一步扩大，将逐渐深入到制造业的各个领域及环节，以"科技梦"助推"中国梦"的实现。

获取信息

子任务一 AGV 认知

※ 任务描述

查阅 AGV 的认知材料，了解 AGV 的应用场景、基本知识及关键控制技术。以 AGV 为载体，识别 AGV 的核心芯片、传感器及电动机驱动模块，规范使用相关的器件及电路模块。

※ 任务目标

1. 了解 AGV 的基本知识及应用场景。

2. 查阅核心器件单片机、传感器及电动机驱动模块的参考资料，按照职业标准要求规范使用。

3. 能正确叙述电动机驱动电路的工作原理。

※ 知识点

本任务知识点列表见表 3-1-1。

表 3-1-1 本任务知识点列表

知识点	具体内容	知识点索引
AGV 器件识别及应用	一、传感器 1. 光电传感器（TCRT5000） 2. AGV 红外寻迹传感器原理 二、电动机驱动电路 1. H 桥式电路 2. L298N 驱动电路 3. 双 H 桥电动机驱动模块 三、电动机 PWM 四、STC 单片机	新知识

知识活页　AGV 器件识别及应用

◆ 问题引导

1. AGV 的控制芯片是单片机吗？型号是什么？与之前学习过的 51 系列单片机有什么不一样吗？

2. 观察 AGV，指出所使用的传感器有哪些？红外寻迹传感器安装在哪个位置？试叙述寻迹的原理。

3. 什么是 H 桥式电路？它如何实现电动机的正转、反转、停机和短路制动状态的控制？

4. AGV 的电动机驱动电路是怎样的？试简单叙述其工作原理。

5. STC 单片机是 51 系列单片机吗？ STC12C5A60S2 单片机的硬件资源是怎样的？它的端口引脚具体是怎么的？试绘制单片机的实物引脚图。

◆ 知识学习

AGV（Automated Guided Vehicle，自动导引车）通常也称为无人搬运车、自动导航车、激光导航车等，一般指装备有电磁或光学等自动导航装置，能够沿规定的导引路径行驶，具有安全保护以及各种移载功能的运输车。AGV 的显著特点是无人驾驶，能沿预定的路线自动行驶，将货物或物料自动从起始点运送到目的地。

根据导航方式，AGV 可分为电磁感应引导式 AGV、激光引导式 AGV、视觉引导式 AGV、铁磁陀螺惯性引导式 AGV、光学引导式 AGV 等多种形式。

AGV 由主控芯片 STC 单片机（STC12C5A60S2）、红外对射管检测电路、电动机驱动电路、红外寻迹传感器（光电传感器）电路等组成，具备工业 AGV 的各功能特点，包含双向色带寻迹、锂电池供电等功能，可增加无线通信控制、碰撞检测等功能，如图 3-1-2 所示。

图 3-1-2　基于 STC 单片机的 AGV

一、传感器

1. 光电传感器（TCRT5000）

光电传感器（光电开关）也称光遮断器，是一种运用光线为控制信号的开关（见表 3-1-2）。光电传感器将红外线发射二极管与光电晶体管封装在一起，它有两个悬臂，一个是发光二极管，另一个是光电晶体管。常用的光电传感器分为对射式和反射式两种，如图 3-1-3 所示。

表 3-1-2　常用传感器

传感器名称	传感器实物图片	传感器符号	用途
光电传感器			用于 AGV 寻迹检测

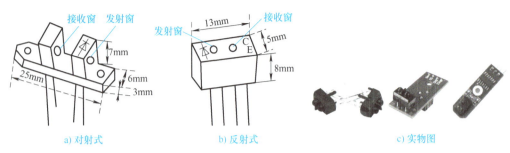

a) 对射式　　　　　　　b) 反射式　　　　　　　c) 实物图

图 3-1-3　对射式和反射式光电传感器

光电传感器内部的光电晶体管和一般晶体管不同，其集电极电流是由基极电流上的光线所触发的。接上电源后，发光二极管发出的光线照射到光电晶体管上，此时集电极电流导通，光电开关为通路；当发光二极管和光电晶体管之间的光线被遮断时，则形成断路。本任务 AGV 采用 TCRT5000 型光电传感器作为红外寻迹传感器。

2. AGV 红外寻迹传感器原理

AGV 红外寻迹传感器的基本原理是利用物体的反射性质。当红外线发射到黑线上时会被黑线吸收，无红外反射光线；当发射到其他颜色的材料时，会有红外光线反射到红外接收管上。根据这个反射特性可以确定小车寻迹所处的状态，从而实时控制小车前进、左转、右转或停止功能。

图 3-1-4 为 AGV 直线行走、左转、右转等情况，传感器的状态分析。

图 3-1-4　AGV 红外寻迹传感器状态分析

二、电动机驱动电路

AGV 采用 L298N 作为电动机驱动芯片。L298N 是 ST 公司生产的一种高电压、大电流电动机驱动芯片。该芯片采用 15 脚封装（L298P 采用 HSOP20 封装），含两个 H 桥的高电压大电流全桥式驱动器，可以驱动直流电动机和步进电动机、继电器线圈等感性负载。L298N 能够根据输入电压的大小不同，控制输出不同的电压和功率，解决负载能力不够的问题。一片 L298N 可以控制两个直流电动机，L298N 的控制使能端可以外接电平控制，也可以利用单片机进行软件控制，以满足各种复杂电路的需要。

1. H 桥式电路

桥式电路是电动机控制中一种最基本的驱动电路结构。控制电动机正、反转的桥式驱动电路有单电源和双电源两种驱动方式，在这里只介绍单电源的驱动方式，如图 3-1-5 所示。图中的 4 个二极管为续流二极管，其主要作用是用以消除电动机所产生的反向电动势，避免该反向电动势对晶体管的反向击穿。

单电源方式的桥式驱动电路又称为 H 桥方式驱动。电动机正转时，晶体管 VT1 和 VT4 导通，反转时 VT2 和 VT3 导通，两种情况下，加在电动机两端的电压极性相反。当 4 个晶体管全部关断时，电动机停转。若是 VT1 与 VT3 关断，而 VT2 与 VT4 同时导通时，电动机处于短路制动状态，将在瞬间停止转动。这 4 种状态所对应的 H 桥式驱动电路状态如图 3-1-6 所示。

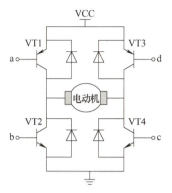

图 3-1-5　H 桥式电路的电路图

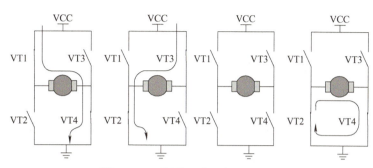

图 3-1-6　H 桥式驱动电路的 4 种状态

图 3-1-6 从左到右分别表示 H 桥式驱动电路的开关工作状态的切换，电动机分别处于正转、反转、停机和短路制动 4 个状态。

2. L298N 驱动电路

L298N 驱动电路的特点如下：

1）驱动电路采用标准逻辑电平信号控制，控制引脚为 IN1 ～ IN4。

2）具有两个使能控制端：ENA、ENB，在不受输入信号影响的情况下，可（高电平）允许或（低电平）禁止驱动器件工作。

3）有 5V 逻辑电源输入端，使内部逻辑电路工作在低电压下。

4）电动机 M1 的控制方式见表 3-1-3。

表 3-1-3　电动机 M1 的控制方式

引脚及控制方式	使能端	电动机 M1 控制引脚		状态
L298N 引脚	ENA	IN1	IN2	
单片机引脚	P33	P37	P36	
电平控制方式	1	0	1	M1 正转
	1	1	0	M1 反转
PWM 控制方式	1	IN1（PWM）<IN2（PWM）		M1 正转
	1	IN1（PWM）>IN2（PWM）		M1 反转
无效控制	0	无效		停止

注：直流电动机 M2 的控制方法与 M1 同理。

通过 L298N 驱动，电动机的驱动方式可分为电平控制方式和 PWM 控制方式两种。图 3-1-7 所示为电动机驱动电路。电动机 M1 的控制引脚为 IN1、IN2、ENA；电动机 M2 的控制引脚为 IN3、IN4、ENB。6 个引脚分别接单片机的 P3.2 ～ P3.7。

1）直流电动机的正、反转控制。信号输入端 IN1=1、IN2=0 或者 IN1（PWM）>IN2（PWM），电动机 M1 正转；信号输入端 IN1=0、IN2=1 或者 IN1（PWM）<IN2（PWM），电动机 M1 反转。

2）直流电动机速度的调节与控制。直流电动机可通过 IN1/IN2、IN3/IN4 接口输入 PWM信号对电动机转速进行控制，也可以通过使能端 ENA 和 ENB 输入 PWM 信号对直流电动机转速进行调节控制。

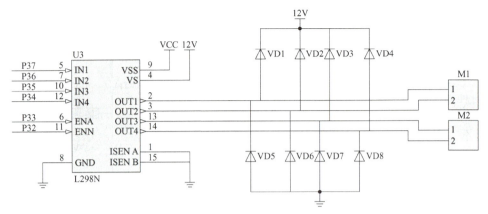

图 3-1-7　电动机驱动电路

3. 双 H 桥电动机驱动模块

图 3-1-8 所示为 L298N 双 H 桥电动机驱动模块的实物图。双 H 桥电动机驱动模块的相关参数如下：

1）工作模式：H 桥驱动（双路）。

2）主控芯片：L298N。

3）逻辑电压：5V。

4）驱动电压：5 ～ 35V。

5）逻辑电流：0 ～ 36mA。

6）驱动电流：2A（MAX 单桥）。

7）存储温度：–20 ～ 135℃。

8）功率：25W。

三、电动机 PWM

脉冲宽度调制（Pulse Width Modulation，PWM）简称脉宽调制，是利用微处理器的数字输出来对模拟电路进行控制的一种非常有效的技术，可以将数字信号转换成模拟信号。

PWM 技术应用的地方很多，如调光灯具、电动机调速、声音的制作等。PWM 有以下五个基本的参数，部分参数如图 3-1-9 所示。

1）脉冲周期 T：周期性重复的脉冲序列中，两个相邻的脉冲之间的时间间隔，单位是纳秒（ns）、微秒（μs）、毫秒（ms）等。

2）脉冲频率 f：与脉冲周期成倒数关系，即 $f=1/T$，单位是赫兹（Hz）、千赫兹（kHz）等。

3）脉冲宽度 W：简称脉宽，是脉冲高电平持续的时间，单位是纳秒（ns）、微秒（μs）、毫秒（ms）等。

4）电压幅度 V：电压的峰值电压值，单位为伏（V）。

5）占空比 D：脉宽除以脉冲周期得到的值，用百分数表示，如 50%，也常有小数或分数表示的，如 0.5 或 1/2。

PWM 是一种对模拟信号电平进行数字编码的方法，由于计算机不能输出模拟电压，只能输出 0V 或 5V 的数字电压值，通过使用高分辨率计数器，利用方波的占空比被调制的方法来对一个具体模拟信号的电平进行编码。

PWM 信号仍然是数字信号，因为在给定的任何时刻，满幅值的直流供电要么是 5V，要么是 0V。电压或电流源是以一种通（ON）或断（OFF）的重复脉冲序列被加到模拟负载上去的。通的时候即是直流供电被加到负载上的时候，断的时候即是供电被断开的时候。只要带宽足够，任何模拟值都可以使用 PWM 进行编码。输出的电压值是通过通和断的时间进行计算，即输出电压 =（接通时间 / 脉冲时间）× 最大电压值，图 3-1-10 给出了几种 PWM 占空比与电压输出值。

图 3-1-8　L298N 双 H 桥电动机驱动模块实物图

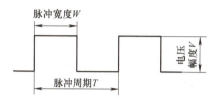

图 3-1-9　PWM 的基本参数

四、STC 单片机

STC12C5A60S2/AD/PWM 系列单片机是单时钟 / 机器周期（1T）的单片机，是高速 / 低功耗 / 超强抗干扰的新一代 8051 单片机，指令代码完全兼容传统 8051，但速度快 8 ～ 12 倍；工作电压为 3.3 ～ 5.5V，内部集成 MAX810 专用复位电路，2 路 PWM，8 路高速 10 位 A/D 转换，针对电动机控制，强干扰场合。STC12C5A60S2 引脚图如图 3-1-11 所示。

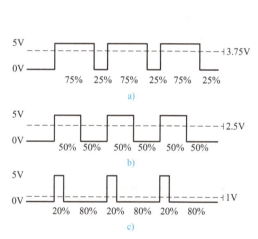

图 3-1-10　PWM 占空比与电压输出值

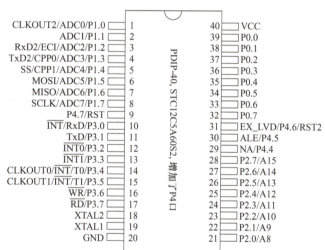

图 3-1-11　STC12C5A60S2 引脚图

>> 任务实施

子任务二　AGV 的装调及检测

※ 任务描述

　　AGV 的种类、引导方式及应用场景很多，本任务主要以 AGV 为载体，根据工艺标准要求制作电路，规范调试 AGV 的硬件电路，实现 AGV 的寻迹、载物及 PWM 调速功能。

※ 任务目标

　　1. 能根据工艺标准要求，安装、调试硬件电路。

　　2. 能根据 AGV 的故障现象，按步骤正确排除电路故障。

　　3. 能编写及调用简单的子程序，调试 AGV 的电动机运行、寻迹和 PWM 调速等功能程序。

※ 设备及工具

　　设备及工具见表 3-1-4。

表 3-1-4　设备及工具

序号	设备及工具	数量
1	万用表	1 块
2	稳压电源	1 台
3	示波器	1 台
4	电烙铁、烙铁架、尖嘴钳、斜口钳等	1 套
5	计算机（含编程软件）	1 台
6	AGV	1 台
7	下载线、测试线等	1 套

实训活页一 AGV 电路的安装及调试

一、电路原理图识读

1. AGV 主控电路原理图

AGV 主控电路原理图如图 3-1-12 所示。电路采用 12V 的锂电池供电,通过 7805 稳压电路输出 5V 电源给单片机,AGV 核心控制器件采用 STC12C5A60S2 单片机。

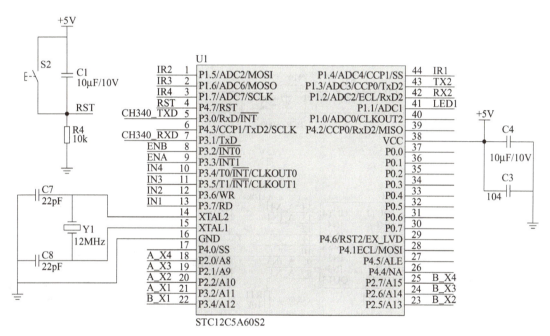

图 3-1-12 AGV 主控电路原理图

2. 寻迹电路

AGV 采用的是 8 路光电传感器,分别连接在 AGV 的 STC 单片机主控板上的 L1、L2、L3、L4、R1、R2、R3、R4 口上,对应 STC 单片机引脚为 P2 口的 8 个引脚,分别为 P23、P22、P24、P25、P20、P21、P27、P26。中间两路光电传感器检测到黑线,AGV 则会直行;当中间任意一路光电传感器未检测到,则 AGV 会自动纠正。如果最外面的光电传感器检测到黑线,则 AGV 以更大速度纠正到正确黑线上面,从而完成 AGV 的寻迹功能。

红外寻迹传感器电路(见图 3-1-13)中,LM324 运算放大器作为比较器使用。通过 TCRT5000 型光电传感器检测黑线,输出接收到的信号给到 LM324,接收电压与比较电压比较之后,输出信号为高电平或低电平。比较电压的大小,可以通过修改 4 组电阻 R88 和 R89、R90 和 R91、R94 和 R95、R96 和 R97 的阻值参数去设置,也可以把一组电阻(如 R88 和 R89)改为可调电阻,通过调节可调电阻阻值,提高红外寻迹传感器检测黑线的灵敏度。MCU(微控制单元)可通过输入的高、低电平信号判断是否检测到黑线。

3. 电动机驱动电路及光电隔离电路

图 3-1-7 所示为 L298N 电动机驱动电路原理图。M1、M2 两个直流电动机接两个接口,ENA、ENB 为两个使能端,IN1 ~ IN4 为 L298N 的控制引脚。为了减少电动机驱动电路对单

片机的干扰，AGV可连接光电耦合电路，把单片机的控制引脚和电动机驱动引脚作光电隔离，图 3-1-14 为 ENA 引脚的光电耦合电路。

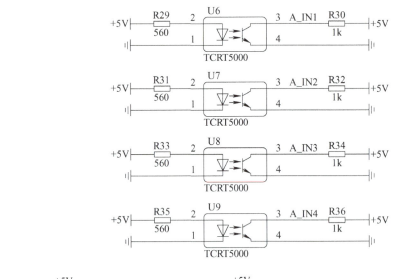

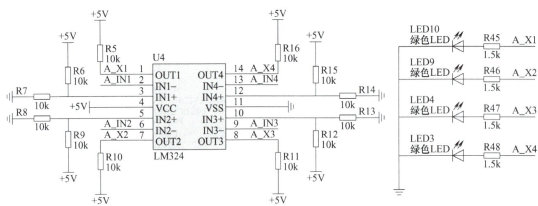

图 3-1-13　寻迹模块电路（后 4 个传感器）原理图

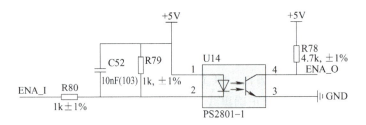

图 3-1-14　ENA 引脚的光电耦合电路

同样地，按表 3-1-3 的控制方式，即可实现电动机的正反转控制，从而实现 AGV 的前进、后退、左转、右转、停止等状态的控制。在正常工作电压范围，电压越高，直流电动机转速越高。

二、电路安装与调试

1. 电路的安装

1）按照图 3-1-15 所示印制电路图（PCB），正确安装各元器件。核心元器件见表 3-1-5。

表 3-1-5 核心元器件列表

序号	元器件名称	型号	序号	元器件名称	型号
1	STC 单片机	STC12C5A60S2	5	运算放大器	LM324
2	光电传感器	TCRT5000	6	减速电动机	GA12–N20
3	电动机驱动	L298P	7	串口转换芯片	CH340
4	稳压集成电路	LM7805			

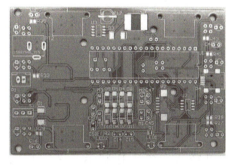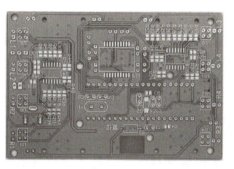

图 3-1-15 AGV 主控电路 PCB

2）按照电路 PCB 正确焊接制作电路，如图 3-1-16 所示。

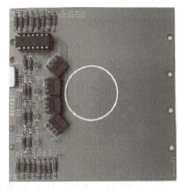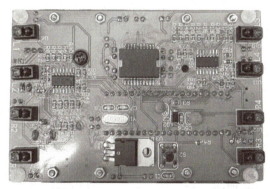

图 3-1-16 AGV 电路焊接实物图

2. 电路的调试

1）电路检查无误后，接入 12V 的锂电池，观察电源指示灯是否工作正常。

2）把 AGV 放置在黑色寻迹线，观察寻迹传感器的各种状态。

3）把搬运的物品放置在 AGV 上，观察传感器的工作状态。

4）给电动机驱动模块的 IN1 ～ IN4 引脚，按电动机驱动的工作原理，输入不同的电平信号，观察电动机的运动状态。

三、AGV 的维护及检修

1. AGV 电路故障检测方法

电子电路故障排查一般可以通过输入到输出的顺序检测，也可以从输出到输入反向检测。

（1）直接观察

电路发生故障时，通常情况下不会立刻去使用仪器测量，而是用肉眼观察去查找电路可能存在的异常部位。直接观察方法又分为不通电跟通电检测。

1）不通电检测即检查电源电压的水平与极性是否符合电路要求；电解电容的极性和二极管、晶体管的管脚安装位置是否正确；集成电路的引脚位是不是出现虚焊、错焊等问题；布线是否存在不合理的地方；PCB在印制的时候有没有线路出现断线；电阻、电容有没有明显烧焦问题。

2）通电检查主要是观察元器件有没有过热、冒烟和明显焦味，电子管与示波管的灯丝有没有存在高压打火等问题。

（2）万用表检测

万用表检测主要是检查静态工作点，其中电子电路的供电系统、晶体管、集成块和线路中的电阻值及直流工作状态可以利用万用表进行检测，检测数值是否正常。

（3）信号寻迹法

在复杂的电路中，可以通过在输入端接入一个信号，再通过示波器从前级到后级或者从后级到前级，逐级观察波形和幅值变化，最终查看哪一级出现异常。

（4）对比方法

对比法较为直观，主要是通过将疑似故障电路与一个工作状态正常的相同电路进行参数对比，查找其中是否存在参数差距较大的值，再进行故障原因分析，最终判断故障位置。

（5）替换法

对于故障不明显的电子电路，在无法进行直观判断故障点时，可利用现有的相同元器件进行替换，通过替换观察电路是否变化，来缩短故障判断时间。

（6）旁路检查法

如果电路中存在寄生振荡现象，那么就可以利用一定容量的电容器，将电容器跨接在需要检查的地方或参考接地点之间，然后观察振荡是否存在。如果振荡消失，则说明振荡是产生在前级电路或者附近的电路中。如果没有，则往后移动，继续寻找检查点。电容器的选择应该注意旁路电容不要过大，能够较好地消除不利的信号就行。

（7）短路检查法

短路检查法是由我们主动制造一个不会造成电路烧毁的临时短路。这种方法需要对电路知识有充分的理解，如可用在放大电路的分析等。但需要注意的是，短路法并不能用在电源电路。

（8）断路检查法

短路法用来检查断路是最有效的，同样，用断路法进行短路检查也最有效。断路检查法的思维与前面几个方法类似，是用来排除怀疑点及缩短范围的方法。假设，稳压电源接入一个有故障的电路当中，此时输出电路过大，那么我们依次断开电路的某一部分支路，然后观察电路电流输出情况，从而判断故障出现的支路。

2. 排除故障

（1）寻迹故障

AGV的寻迹模块电路如图3-1-17所示。U6为光电传感器TCRT5000，当遇到"白边"时，U6内部的红外线发射二极管发射的信号被反射到光电晶体管接收后，光电晶体管导通，A_IN1输出低电平，经过LM324运算放大器后输出高电平，LED10发光二极管点亮；当遇到"黑边"时，U6内部的红外线发射二极管发射的红外信号被"黑边"吸收，光电晶体管截止，A_IN1 输出高电平，经过 LM324 运算放大器后输出低电平，LED10 发光二极管不亮。

1）采用"直接观察法"。观察电路的元器件、焊接点等，确认电路无误后，接入电源。

2）采用"信号寻迹法"检测电路故障。把光电传感器轮流放到"白边"和"黑边"上，并使用示波器或万用表检测"A_X1"输出的信号，看是否出现明显的高低电平信号（或观察 LED10 发光二极管）。如无信号输出，则检测光电传感器 TCRT5000 的"A_IN1 端"，按信号的走向逐级检查。

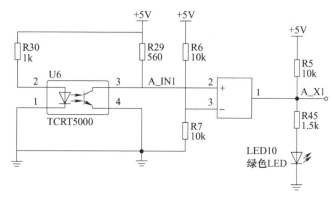

图 3-1-17　AGV 的寻迹模块电路图

（2）其他故障

AGV 除了寻迹的故障比较常见外，还有工件检测的故障、到达终点不停机、电动机不转等故障，需要根据实际的情况，运用故障排除的方法进行排除。

实训活页二　AGV 程序的编写及调试

一、AGV 子程序的应用

把 AGV 放置在黑线上，根据红外寻迹传感器检测的状态，分别调用前进、左转、右转、停止、后退等电动机动作子程序，使 AGV 实现自动运送物料的功能。

1. 电动机控制子程序

以下提供两个轮子的编程调试子程序，四个轮子的程序调试可参考两个轮子的程序编写。

```
sbit IN1=P3^7；
sbit IN2=P3^6；              //控制小车前进方向的右轮
sbit IN3=P3^5；
sbit IN4=P3^4；              //控制小车前进方向的左轮
sbit ENA=P3^3；             //右轮
sbit ENB=P3^2；             //左轮
go()
{
  ENA=1；IN1=0；IN2=1；
  ENB=1；IN3=0；IN4=1；
}
back()
{
```

```
    ENA=1；IN1=1；IN2=0；
    ENB=1；IN3=1；IN4=0；
}
stop()
{
    ENA=1；IN1=1；IN2=1；
    ENB=1；IN3=1；IN4=1；
}
left1()                          //前进方向
{
    ENA=1；IN1=0；IN2=1；          //右轮
    ENB=1；IN3=1；IN4=1；          //左轮
}
right1()                         //前进方向
{
    ENA=1；IN1=1；IN2=1；
    ENB=1；IN3=0；IN4=1；
}
left2()                          //后退方向
{
    ENA=1；IN1=1；IN2=1；
    ENB=1；IN3=1；IN4=0；
}
right2()                         //后退方向
{
    ENA=1；IN1=1；IN2=0；          //右轮
    ENB=1；IN3=1；IN4=1；          //左轮
}
```

2. AGV 红外寻迹传感器寻迹子程序

根据 AGV 的 4 个光电传感器的寻迹位置的分析，可得到 4 个光电传感器的信号规律，见表 3-1-6。通过 4 个光电传感器的信号状态，即可按照实际情况控制 AGV 的工作。

表 3-1-6　AGV 红外寻迹传感器信号状态

（图示只提供了三种状态，其他状态可观察 AGV 光电传感器指示灯的状态）

序号	信号	状态	程序调用
1	1001	前进	go();
2	1011	左转	left1();
3	0011	左转	left1();
4	0001	左转	left1();
5	1101	右转	right1();
6	1100	右转	right1();

（续）

序号	信号	状态	程序调用
7	1000	右转	right1();
8	0000	停止	stop();
9	其他状态	停止	stop();

寻迹参考子程序如下：

```
sbit L1=P2^3；  //A_X1   黑线为低电平0，白线为高电平1
sbit L2=P2^2；  //A_X2
sbit R2=P2^1；  //A_X3
sbit R1=P2^0；  //A_X4
sbit L3=P2^4；  //B_X1
sbit L4=P2^5；  //B_X2
sbit R4=P2^6；  //B_X3
sbit R3=P2^7；  //B_X4

xunji()
{
        if（step==0）{stop(); }
   else if（step==1）                                      // 前进状态寻迹
   {
        if（L3==1&&L4==0&&R4==0&&R3==1）{go(); }           //1001   前进
     else if（L3==1&&L4==0&&R4==1&&R3==1）{right1(); }     //1011   右转
     else if（L3==0&&L4==0&&R4==1&&R3==1）{right1(); }     //0011
     else if（L3==0&&L4==0&&R4==0&&R3==1）{right1(); }     //0001
     else if（L3==1&&L4==1&&R4==0&&R3==1）{left1(); }      //1101   左转
     else if（L3==1&&L4==1&&R4==0&&R3==0）{left1(); }      //1100
     else if（L3==1&&L4==0&&R4==0&&R3==0）{left1(); }      //1000
     else {stop(); }                                      //       停止
   }
   else if（step==2）                                      // 后退状态寻迹
   {
        if（L1==1&&L2==0&&R2==0&&R1==1）{back(); }         //1001   后退
     else if（L1==1&&L2==0&&R2==1&&R1==1）{left2(); }      //1011   左转
     else if（L1==0&&L2==0&&R2==1&&R1==1）{left2(); }      //0011
     else if（L1==0&&L2==0&&R2==0&&R1==1）{left2(); }      //0001
     else if（L1==1&&L2==1&&R2==0&&R1==1）{right2(); }     //1101   右转
     else if（L1==1&&L2==1&&R2==0&&R1==0）{right2(); }     //1100
     else if（L1==1&&L2==0&&R2==0&&R1==0）{right2(); }     //1000
     else {stop(); }                                      //       停止
   }
}
```

3. 物料判断前进、后退状态调整子程序

设置 AGV 的前进或后退状态的变量为 step，设初始化变量 step=0。

当状态变量 step=1 时，AGV 启动，往取料位置前进；当 AGV 到达取料位置，若检测到有工件放到 AGV 上，则改变状态变量 step=2，此时启动 AGV 运送工件到智能仓储的放料位置。

```
sbit IR1=P1^4；      // 有无物料，光电传感器信号引脚。有物料，信号为 1；无物料，信号为 0
sbit IR2=P1^5；
sbit IR3=P1^6；
sbit IR4=P1^7；
qianhou()
{
                    // 有物料，即有信号反射，光电传感器为 1；没有物料，光电传感器为 0
  if（IR1==0&&IR2==0&&IR3==0&&IR4==0）{step=1；}          // 前进方向
  if（IR1==1||IR2==1||IR3==1||IR4==1）{step=2；}          // 后退方向
}
main()
{
  while（1）
  {
    qianhou();       // 有无物料，AGV 前进、后退状态调整子程序
    xunji();         // 寻迹子程序
  }
}
```

4. PWM 电动机调速程序

根据电动机 PWM 的原理，通过调节单片机输出引脚脉冲信号的占空比，从而控制电动机得电时间，即可改变电动机的供电电压，达到调节电动机转速的目的。

```
go_pwm()                        // 前进状态低速
{
  ENA=1；IN1=0；IN2=1；
  ENB=1；IN3=0；IN4=1；
  delay（50）；                  //IN2、IN4 高电平时间为 50ms
  ENA=1；IN1=0；IN2=0；
  ENB=1；IN3=0；IN4=0；
  delay（100）；                 //IN2、IN4 低电平时间为 100ms
}
back_pwm()                      // 后退状态低速
{
  ENA=1；IN1=1；IN2=0；
  ENB=1；IN3=1；IN4=0；
  delay（50）；                  //IN1、IN3 高电平时间为 50ms
  ENA=1；IN1=0；IN2=0；
  ENB=1；IN3=0；IN4=0；
  delay（100）；                 //IN2、IN4 低电平时间为 100ms
}
```

二、AGV 程序综合调试

1. 编写程序

AGV 的综合调试程序相对较复杂，需要先理顺各功能子程序：电动机驱动程序、寻迹程序、方向状态调整程序和 PWM 电动机调速程序。根据红外寻迹传感器（8 个光电传感器）、物料检测传感器（4 个光电传感器）的状态，实现 AGV 的物料运送功能。程序命名为 car.c，参

考程序如下：

```
#include "reg51.h"
#define uchar unsigned char
#define uint unsigned int
sbit IN1=P3^7;
sbit IN2=P3^6;                    // 控制小车前进方向的右轮
sbit IN3=P3^5;
sbit IN4=P3^4;                    // 控制小车前进方向的左轮
sbit ENA=P3^3;                    // 右轮
sbit ENB=P3^2;                    // 左轮
sbit L1=P2^3;                     //A_X1，黑线为低电平 0，白线为高电平 1
sbit L2=P2^2;                     //A_X2
sbit R2=P2^1;                     //A_X3
sbit R1=P2^0;                     //A_X4
sbit L3=P2^4;                     //B_X1
sbit L4=P2^5;                     //B_X2
sbit R4=P2^6;                     //B_X3
sbit R3=P2^7;                     //B_X4
sbit IR1=P1^4; // 有无物料，光电传感器信号引脚。有物料，信号为 1；无物料，信号为 0
sbit IR2=P1^5;
sbit IR3=P1^6;
sbit IR4=P1^7;
uchar step=0;                     // 状态变量 0 为初始状态，1 为前进状态，2 为后退状态
delay（uint t）
{
  uchar i;
  while（t--）
    for（i=0；i<123；i++）;
}
go()
{
  ENA=1；IN1=0；IN2=1；
  ENB=1；IN3=0；IN4=1；
}
go_pwm()                          // 前进状态低速
{
  ENA=1；IN1=0；IN2=1；
  ENB=1；IN3=0；IN4=1；
  delay（50）;
  ENA=1；IN1=0；IN2=0；
  ENB=1；IN3=0；IN4=0；
  delay（100）;
}
back()
{
  ENA=1；IN1=1；IN2=0；
  ENB=1；IN3=1；IN4=0；
}
back_pwm()                        // 后退状态低速
{
```

```
ENA=1；IN1=1；IN2=0；
ENB=1；IN3=1；IN4=0；
delay（50）；
ENA=1；IN1=0；IN2=0；
ENB=1；IN3=0；IN4=0；
delay（100）；
}
stop()
{
ENA=1；IN1=1；IN2=1；
ENB=1；IN3=1；IN4=1；
}
left1()                                              // 前进方向
{
ENA=1；IN1=0；IN2=1；                              // 右轮
ENB=1；IN3=1；IN4=1；                              // 左轮
}
right1()                                             // 前进方向
{
ENA=1；IN1=1；IN2=1；
ENB=1；IN3=0；IN4=1；
}
left2()                                              // 后退方向
{
ENA=1；IN1=1；IN2=1；
ENB=1；IN3=1；IN4=0；
}
right2()                                             // 后退方向
{
ENA=1；IN1=1；IN2=0；                              // 右轮
ENB=1；IN3=1；IN4=1；                              // 左轮
}
xunji()
{
    if（step==0）{stop();}
  else if（step==1）                                // 前进状态寻迹
  {
      if（L3==1&&L4==0&&R4==0&&R3==1）{go();}       //1001   前进
   else if（L3==1&&L4==0&&R4--1&&R3--1）{right1();} //1011   右转
   else if（L3==0&&L4==0&&R4==1&&R3==1）{right1();} //0011
   else if（L3==0&&L4==0&&R4==0&&R3==1）{right1();} //0001
   else if（L3==1&&L4==1&&R4==0&&R3==1）{left1();}  //1101   左转
   else if（L3==1&&L4==1&&R4==0&&R3==0）{left1();}  //1100
   else if（L3==1&&L4==0&&R4==0&&R3==0）{left1();}  //1000
   else {stop();}
  }
  else if（step==2）                                // 后退状态寻迹
  {
      if（L1==1&&L2==0&&R2==0&&R1==1）{back();}      //1001   后退
   else if（L1==1&&L2==0&&R2==1&&R1==1）{left2();}   //1011   左转
   else if（L1==0&&L2==0&&R2==1&&R1==1）{left2();}   //0011
```

```
        else if（L1==0&&L2==0&&R2==0&&R1==1）{left2(); }        //0001
        else if（L1==1&&L2==1&&R2==0&&R1==1）{right2(); }       //1101   右转
        else if（L1==1&&L2==1&&R2==0&&R1==0）{right2(); }       //1100
        else if（L1==1&&L2==0&&R2==0&&R1==0）{right2(); }       //1000
        else {stop(); }                                       //         停止
    }
}
qianhou()
{
    // 有物料，即有信号反射，光电传感器为 1；没有物料，光电传感器为 0
    if（IR1==0&&IR2==0&&IR3==0&&IR4==0）{step=1; }             // 前进方向
    if（IR1==1||IR2==1||IR3==1||IR4==1）{step=2; }             // 后退方向
}
main()
{
  while（1）
  {
    qianhou();                      // 有无物料，AGV 前进、后退状态调整子程序
    xunji();                        // 寻迹子程序
  }
}
```

2. 编译程序

生成与源文件同名的 .HEX 和 .BIN 文件。将 .HEX 文件通过 STC 单片机下载软件，把程序下载到单片机，调试 AGV 的各项功能。

≫ 能力拓展

根据以下功能，试设计及制作智能物料运送小车。

1. 智能物料运送小车的用途

智能物料运送小车在装载物料后能根据设定的路线自动出发，将物料运送到指定的终点，并利用舵机模块自动卸载物料。物料卸载完毕，小车能自动返回出发地进行下一个物料的运送，直到所有的物料运送完成为止。在运送过程中，小车能实现自动避障、寻迹、卸料及语音播放的功能。在出发地、卸料地、障碍地及返回出发地的关键位置，均设置了语音的提示功能。

2. 功能描述

1）寻迹功能：智能物料运送小车根据设计的路线将物料运送到指定的终点。

2）装卸物料功能：人工装卸物料，自动从车的右侧卸料。

3）语音播放功能：按动出发按钮，先发出"接受送货任务，5秒后出发"的语音提示，行驶过程要发出音乐提示声音。卸下物料后，发出"卸货完成，返回"语音提示，运送车自动返回出发地点，关闭行驶音乐提示声音，发出"送货完成，请求新任务"语音提示。

4）拓展功能。

①在进入D通道E区（出发400mm左右处）遇障碍物时，运送车自动倒回，回到出发点，并发出"通道受阻，请求更改任务"的语音请求。遇障碍物移开后，按动出发按钮，自动到达终点。

② 在进入 D 通道 F 区（出发 700mm 左右处）遇障碍物时，从当前车道左侧绕过障碍物后，回到正常行驶车道（距障碍物不超过 500mm），完成物料运送并返回。

5）工作平台如图 3-1-18 所示。

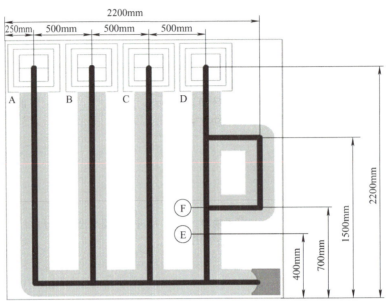

图 3-1-18　工作平台

▶▶ 任务评价

1. 请对本任务所学 AGV 的知识、技能、方法及任务实施情况等进行评价。

2. 请总结、归纳本任务学习的过程，分享、交流学习体会。

3. 填写任务评价表（见表 3-1-7）。

表 3-1-7　任务评价表

班级		学号		姓名	
任务名称	（3-1）任务一　AGV 的检测及调试				

评价项目	评价内容	评价标准	配分	自评	组评	师评
知识点学习	AGV 的概念	简单描述 AGV 的概念	5			
	AGV 的引导方式	举例 AGV 的引导方式	5			
	单片机的应用	能正确识别 STC 单片机的引脚功能，了解单片机的资源	5			
	识别寻迹传感器	能正确识别寻迹传感器	5			
	识别电动机驱动模块	能正确识别电动机驱动模块，叙述控制原理	5			

（续）

评价项目	评价内容	评价标准	配分	自评	组评	师评
技能点训练	识读电路原理图	根据电路原理图，能正确叙述电路工作原理	10			
	焊接、安装电路	对照元器件列表正确安装电路 （1）元器件布局合理，安装正确 （2）焊点光滑，无毛刺	15			
技能点训练	调试硬件电路	按照操作规范要求，完成硬件电路的调试 （1）符合操作规范 （2）功能正确，效果稳定	15			
	检测、维护	根据工作状态及现象，正确使用万用表、示波器等仪器排除故障	15			
思政点领会	中国梦·科技梦	正确叙述以"科技梦"助推"中国梦"的含义	5			
	安全意识	举例叙述安全操作规范的要求	5			
专业素养养成	安全文明操作	规范使用设备及工具	10			
	6S管理	设备、仪表、工具摆放合理				
	团队协作能力	积极参与，团结协作				
	语言沟通表达能力	表达清晰，正确展示				
	责任心	态度端正，认真完成任务				
合计			100			
教师签名			日期			

▶▶ 总结提升

一、任务总结

1. AGV（Automated Guided Vehicle，自动导引车），通常也称为无人搬运车、自动导航车、激光导航车等。

2. 根据AGV的导航方式，可分为电磁感应引导式AGV、激光引导式AGV、视觉引导式AGV、铁磁陀螺惯性引导式AGV、光学引导式AGV等多种形式。

3. STC12C5A60S2系列单片机是单时钟/机器周期（$1T$）的单片机，是高速、低功耗、超强抗干扰的新一代8051单片机，包含2路PWM、8路高速10位A/D转换。

4. 光电传感器（光电开关）也称光遮断器，是一种运用光线为控制信号的开关，AGV中采用TCRT5000传感器。

5. AGV 采用 L298N（双 H 桥）作为电动机驱动芯片。控制电动机正反转的桥式驱动电路有单电源和双电源两种驱动方式。

6. 电路故障的检测方法：直接观察、万用表检测、信号寻迹法、对比方法、替换法、旁路检查法、短路检查法、断路检查法。

二、思考与练习

1. 填空题

（1）AGV（Automated Guided Vehicle，_____）通常也称为无人搬运车、自动导航车、激光导航车等，一般指装备有_____等自动导航装置，能够沿规定的_____行驶，具有安全保护以及各种移载功能的运输车。

（2）AGV 的显著特点是_____，能沿预定的路线自动行驶，将货物或物料自动从起始点运送到目的地。

（3）STC12C5A60S2 系列单片机是_____的单片机，是高速、低功耗、超强抗干扰的新一代 8051 单片机，包含_____路 PWM，_____路高速 10 位 A/D 转换。

（4）AGV 中的 L298N 是_____电动机驱动芯片。

2. 选择题

（1）根据引导方式不同，可分为多种形式的 AGV，以下不包含的是（ ）。

A. 电磁感应引导式

B. 激光引导式

C. 电路引导式

D. 光学引导式

（2）AGV 的寻迹传感器采用（ ）。

A. 霍尔式传感器

B. 光电式传感器

C. 声音传感器

D. 温度传感器

（3）科技兴则民族兴，科技强则国家强。实现"中国梦"离不开（ ）的助推。

A. 经济　　　　　B. 科技梦　　　　C. 家庭　　　　　D. 社会

（4）根据红外寻迹传感器的不同检测状态，可调用（ ）、左转、右转、停止、后退等电动机动作子程序。

A. 正转　　　　　B. 反转　　　　　C. 前进　　　　　D. 向上

（5）STC12C5A60S2 单片机是机器周期为_____的单片机，包含_____路 PWM、_____路高速 10 位 A/D 转换。（ ）

A. 1T、2、8　　B. 2T、8、2　　C. 12T、2、8　　D. 1T、8、2

3. 简答题

（1）AGV 的引导方式有哪些？AGV 的应用场景有哪些？

（2）AGV 电动机驱动的工作原理是怎样的？试使用 L298N 驱动模块说明。

（3）根据 AGV 硬件电路调试的步骤，简要叙述寻迹传感器、电动机驱动电路等调试步骤及方法。

（4）查阅相关资料，简述 AGV 的常见故障。试叙述 AGV 电路故障的排除步骤及方法。

（5）根据提供的 AGV 子程序，简述程序的调试步骤。

任务二　智能拆解搬运模块的线路检测及调试

▶ 知识目标

1. 掌握光电传感器、磁性开关等使用方法。
2. 掌握电气线路识读的方法及步骤。
3. 掌握电路、气路的调试方法。
4. 掌握单片机控制电气设备的编程方法。

▶ 能力目标

1. 能查阅智能拆解搬运模块等相关资料及实例。
2. 能正确使用光电传感器、磁性开关等。
3. 能根据电气线路图的识别原则，正确识读电气线路图，并能按照图样准确找到各元器件及接线端。
4. 通电试运行，在教师的指导下，对设备的电路、气路进行调试，学会正确、规范的调试方法。
5. 能分析智能拆解搬运模块的功能，按照功能编写及调试程序，实现拆解搬运的功能。

▶ 素养目标

1. 树立新时代青年正确的使命感及责任担当。
2. 培养学生认真细致、规范严谨的职业精神。
3. 培养学生团结协作的职业素养。

▶ 规范标准（国家标准、行业标准、JIS工艺标准等）

1. GB/T 14479—1993《传感器图用图形符号》
2. GB/T 4728.1—2018《电气简图用图形符号　第1部分：一般要求》
3. GB/T 786.1—2021《流体传动系统及元件　图形符号和回路图　第1部分：图形符号》
4. JIS C0617-1—2011《简图用图形符号　第1部分：一般信息、通用索引、对照参照表》
5. JIS B8373—2015《气动电磁阀》

▶▶ 学习情境

　　智能拆解模块是一种基于机器人和人工智能技术的自动化拆卸和回收系统，主要应用于工业生产中工件的拆卸和回收环节。该模块可以通过深度学习、计算机视觉和机器人控制等技术实现对工件的自动化拆卸和回收，图3-2-1所示为流水线智能拆解模块。流水线的工件智能拆解模块一般包括以下部分：

图 3-2-1　流水线智能拆解模块

1. 工件识别和分类模块

该模块负责对工件进行智能识别和分类，通过计算机视觉、深度学习等技术，对工件的形状、尺寸、颜色、纹理等特征进行分析和识别。

2. 机器人操作控制模块

该模块负责对机器人进行运动轨迹规划和姿态控制，实现对工件的精确操作和快速拆卸。通过将机器人操作控制和工件识别分类结合，可以实现对不同工件的自适应控制和快速拆卸。

3. 废料处理和分类模块

该模块负责对拆卸下来的废料进行清洗、分类、处理和管理等工作。通过智能化的数据处理和管理，可以提高废料的回收利用率，减少对环境的污染。

流水线的工件智能拆解模块的应用范围非常广泛，主要涵盖机械、电子、汽车、通信等行业的生产过程。工件智能拆解模块可以大大提高生产效率和生产质量，减少人工操作的错误率和工作量，同时有效地提高工件的回收效率和资源利用效率，减少人工和环境成本，具有非常广泛的应用前景。

 **获取信息**

子任务一　智能拆解搬运模块认知

※ 任务描述

　　通过查阅智能拆解、搬运的相关材料，了解拆解、搬运模块的作用；识别智能控制实训平台中智能拆解搬运模块所涉及的传感器、步进电动机及控制电路等内容，能规范使用相关的器件及模块。

※ 任务目标

　　1.通过查阅相关资料，能简述拆解、搬运模块的作用。

　　2.通过学习自动化生产线常用智能拆解、搬运的基本知识，了解智能拆解、搬运模块的作用，拓宽科技视野。

　　3.查阅光电传感器、磁性开关等资料，熟悉传感器的接线方法，并能按照职业标准要求规范使用。

※ 知识点

　　本任务知识点列表见表3-2-1。

表 3-2-1　本任务知识点列表

知识点	具体内容	知识点索引
智能拆解搬运模块器件识别及应用	一、传感器 1.光电传感器 2.磁性开关 二、驱动电机 1.三相交流电动机 2.直流电机 3.步进电动机 三、步进电动机驱动模块 1.步进电动机驱动器原理 2.步进电动机驱动模块说明 3.步进电动机驱动模块接法	新知识

知识活页　智能拆解搬运模块器件识别及应用

◆ **问题引导**

1.工件检测光电传感器（型号为 MR-30X）的信号线是怎样的？槽形光电传感器可作为限位开关使用，其工作原理是怎样的？

2.常用在气缸上的磁性开关的工作原理是怎么样的？FC-FMC01 磁性开关呢？

3.什么是步进电动机？步进电动机的工作原理是怎样的？

4.步进电动机驱动模块接法有哪两种？请简单画出来。

◆ **知识学习**

一、传感器

本任务用到的传感器列表见表 3-2-2。

表 3-2-2　传感器列表

传感器名称	传感器实物图片	传感器符号	用途
光电传感器		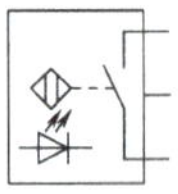	用于工件是否放置到位检测
			用于旋转机械手限位
磁性开关			用于 AGV 的到位检测

1.光电传感器

前面的任务有提到光电传感器的内容，这里只简单介绍本任务使用到的光电传感器。

（1）光电传感器

图 3-2-2a 所示为工件到位检测光电传感器的实物图，型号为 MR-30X（NPN 型或 PNP 型通用），光电传感器有检测距离调节旋钮，旋钮位置如图 3-2-2b 所示。

a) 实物图　　　　　b) 检测距离调节旋钮

图 3-2-2　MR-30X 型光电传感器

光电传感器 4 条线的接法如下：

① 棕色线：接工作电压，范围为直流 10 ～ 30V。

② 蓝色线：接 0V 或 GND。

③ 黑色线：接 PNP 型输出。

④ 白色线：接 NPN 型输出。

（2）槽形光电传感器

槽形光电传感器作为限位开关，其实物图如图 3-2-3 所示，型号为 FC-SPX307PZ，可接 PNP 型或 NPN 型输出。

槽形光电传感器把一个光发射器和一个接收器面对面地装在一个槽的两侧组成槽形。发光器能发出红外光或可见光，在无阻挡情况下，光接收器能收到光。但当被检测物体从槽中通过时，光被遮挡，光电传感器便动作，输出一个开关控制信号，切断或接通负载电流，从而完成一次控制动作。槽形光电传感器的检测距离因为受整体结构的限制一般只有几厘米。

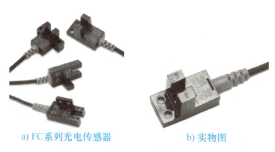

a) FC 系列光电传感器　　　b) 实物图

图 3-2-3　槽形光电传感器实物图

2. 磁性开关

图 3-2-4 所示为磁性开关实物图，型号为 FC-FMC01。其工作原理与干簧管的工作原理类似，当磁性开关受到外部磁场的影响时，会使得触点发生吸合或断开，从而控制电路实现开关状态。这种磁性开关是一对的，一个是磁环，另一个是能产生电信号的磁性开关。

图 3-2-4　磁性开关实物图

磁性开关的蓝色（BLUE）线接 "-" 极，棕色（BROWN）线接 "out" 信号输出，工作电压范围是 DC 12 ～ 24V，动作距离为 10mm。

在气缸上，磁性开关可以被用来检测气缸杆的位置，以便控制气缸的运动（见图 3-2-5）。磁性开关通常被安装在气缸的缸管上，当气缸杆磁环进入磁性开关的感应区域时，磁场会改变磁性开关的状态，从而触发开关动作，输出一个信号。磁性开关的工作原理简单而可靠，因此被广泛应用于各种领域，如安防系统、自动化控制、电子设备等。

图 3-2-5　磁性开关在气缸上的应用

二、驱动电机

1.三相交流电动机

三相交流电动机是指用三相交流电驱动的交流电动机，外形如图 3-2-6 所示，它包括三相同步电动机与三相异步电动机。三相异步电动机控制定子绕组就是用来产生旋转磁场的，三相电源相与相之间电压相位相差 120°，三相异步电动机定子的三个绕组在空间位置也是相差 120°。当在定子绕组中通过电源时，产生一个旋转磁场，转子导体切割旋转磁场的磁力线就会产生感应电流，转子导条中的电流又与旋转磁场相互作用产生电磁力，电磁力产生电磁转矩驱动转子沿旋转磁场方向旋转起来，这就是三相异步电动机。

2.直流电机

输出或输入为直流电能的旋转电机，称为直流电机，它是能实现直流电能和机械能互相转换的电机。当它作为电动机运行时是直流电动机，将电能转为机械能；作为发电机运行时是直流发电机，将机械能转换为电能。

原理：直流电机由定子和转子两部分组成，两者间有一定的气隙。直流电机的定子由机座、主磁极、换向磁极、前后端盖和刷架等部件组成。其中主磁极是产生直流电机气隙磁场的主要部件，由永磁体或带有直流励磁绕组的叠片铁心构成。直流电机的转子则由电枢、换向器和转轴部件构成。

3.步进电动机

（1）步进电动机的工作原理

步进电动机是将电脉冲信号转变为角位移或线位移的电动机，在非超载的情况下，电动机的转速、停止的位置只与脉冲信号的频率和脉冲数有关，而不受负载变化的影响。当步进驱动器接收到一个脉冲信号，驱动步进电动机按设定的方向转动一个固定的角度，称为步距角，其旋转是以固定的角度一步一步运行的。

步进电动机可以通过控制脉冲个数来控制角位移量，实现准确定位；同时，可以通过控制脉冲频率来控制电动机转动的速度和加速度，从而达到调速的目的。

（2）两相步进电动机的工作原理

两相步进电动机是一种常见的步进电动机类型，外形如图 3-2-7 所示，其工作原理基于电磁感应和磁力耦合效应。它由两个驱动线圈组成，每个驱动线圈和一个磁铁组成一对磁极，使得电动机可以以一定的步进角度旋转。

图 3-2-6 三相交流电动机

图 3-2-7 两相步进电动机

在步进电动机中，驱动线圈通电产生磁场，该磁场与定子中的永磁体相互作用，产生一种力矩，使得电动机可以顺时针或逆时针旋转。这种力矩被称为磁力耦合效应，是两相步进电动机工作的基础。

　　当一组线圈通电时，它会产生一个磁场。这个磁场与定子上的一个磁铁极发生相互作用，使得电动机旋转一个固定的步进角度。当第一组线圈断电时，第二组线圈通电，电动机会继续旋转一定的步进角度。通过交替通电两组线圈，可以让电动机不断地旋转。

　　两相步进电动机通常通过控制线圈的通电和断电来控制转动，可以使用电动机驱动模块或步进电动机控制器来实现精确的控制，PLC 或单片机不能直接驱动步进电动机。

三、步进电动机驱动模块

1. 步进电动机驱动器原理

　　从步进电动机的转动原理可以看出，要使步进电动机正常运行，必须按规律控制步进电动机的每一相绕组得电。驱动器的作用是对控制脉冲进行环形分配、功率放大，使步进电动机绕组按一定顺序通电，控制电动机转动。

　　以两相步进电动机为例，步进电动机驱动控制系统如图 3-2-8 所示，当给驱动器一个脉冲信号和一个正方向信号时，驱动器经过环形分配器和功率放大后，给电动机绕组通电的顺序为 $A—B—\overline{A}—\overline{B}$，4 个状态周而复始进行变化，电动机顺时针转动；若方向信号变为负时，通电顺序就变为 $\overline{B}—\overline{A}—B—A$，电动机就逆时针转动。

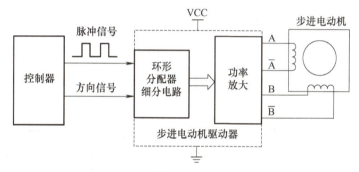

图 3-2-8　步进电动机驱动控制系统示意图

2. 步进电动机驱动模块说明

　　步进电动机驱动模块如图 3-2-9 所示，其接线说明见表 3-2-3。

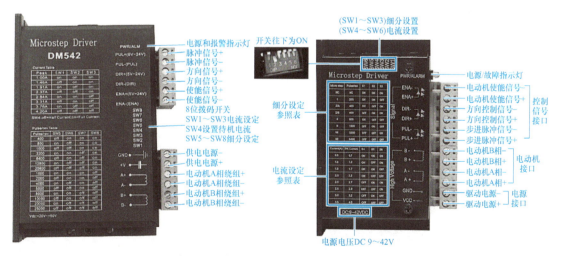

图 3-2-9　步进电动机驱动模块实物及接线图

表 3-2-3　步进电动机驱动模块接线说明

信号输入控制端		步进电动机接线端	
名称	功能	名称	功能
PUL+	脉冲信号 +	A+	连接电动机绕组 A+ 相
PUL−	脉冲信号 −	A−	连接电动机绕组 A− 相
DIR+	方向信号 +	B+	连接电动机绕组 B+ 相
DIR−	方向信号 −	B−	连接电动机绕组 B− 相
ENA+	使能信号 +	VCC（+V）	电源"+"端
ENA−	使能信号 −	GND	电源"−"端

3. 步进电动机驱动模块接法

输入信号有两种接法，可根据需要采用共阳极接法或共阴极接法，如图 3-2-10 所示。

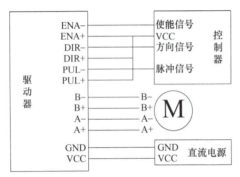
a) 共阳极接法(低电平有效)

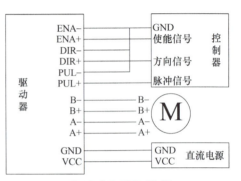
b) 共阴极接法(高电平有效)

图 3-2-10　步进电动机驱动模块输入信号接法

1）共阳极接法：分别将 PUL+、DIR+、ENA+ 连接到控制系统的电源上，如果此电源是 +5V，可直接接电源。如果此电源大于 +5V，则需外部另加限流电阻，保证给驱动器内部光电耦合器提供 8 ～ 15mA 的驱动电流；脉冲输入信号通过 PUL−、DIR−、ENA− 接单片机或 PLC 的控制引脚。

2）共阴极接法：分别将 PUL−、DIR−、ENA− 连接到控制系统的地端；脉冲输入信号通过 PUL+、DIR+、ENA+ 接单片机或 PLC 的控制引脚。若需限流电阻，限流电阻的接法取值与共阳极接法相同。

 任务实施

子任务二　智能拆解搬运模块的检测及调试

※ 任务描述

本任务主要以智能控制工作平台为载体，通过对智能控制工作平台"智能拆解搬运模块"的结构观察、操作运行，熟悉其工作过程。识读各部分电路接线图，掌握电气接线图的识读步骤及方法，学会电路、气路的检测及调试方法。编写智能拆解模块的单片机程序，并下载到 STC 单片机并调试，实现智能拆解搬运的功能。

※ 任务目标

1. 能根据电气线路图的识别原则，正确识读电气线路图，并能按照图样准确找到各元器件及接线端。

2. 通过观察"智能拆解搬运模块"的实训设备，识别相关传感器、步进电动机驱动等器件或模块，学会其使用方法。

3. 通电试运行，在教师的指导下，对设备的电路、气路进行调试，学会调试方法。

4. 在教师的引导下，分析智能检测模块的功能，按照功能编写并调试程序，实现该模块的功能。

※ 设备及工具

设备及工具见表 3-2-4。

表 3-2-4　设备及工具

序号	设备及工具	数量
1	智能控制工作平台（设备）	1 台
2	计算机及软件环境： （1）单片机编程软件：Keil μVision5 （2）STC 单片机烧录软件：stc-isp-15xx-v6.83 （3）Modbus 通信协议调试工具：Modscan32	1 套
3	万用表	1 个
4	内六角螺丝刀、一字螺丝刀、十字螺丝刀、斜口钳等	1 套
5	导线、排线等	1 套

实训活页一　电气接线图的识读及线路的检测

一、识读智能拆解搬运模块功能接线区

1. 工作台面接线区

智能控制工作平台的智能拆解搬运模块功能接线区，包含拆解分选模组接线区（C），工作台面接线区示意图如图 3-2-11a 所示，工作台面"拆解分选模组上接线区"的实物图如图 3-2-11b 所示。接线端为 CS1、CB1、CX1。

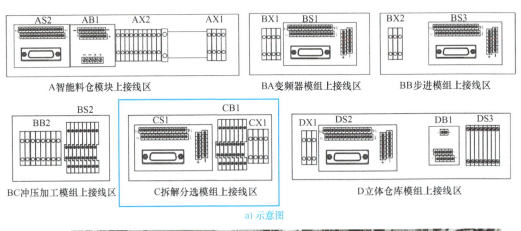

a) 示意图

b) 实物图

图 3-2-11　智能拆解搬运模块工作台面接线区示意图和实物图

2. 工作台电柜接线区

工作台的电柜接线区见表 3-2-5，电柜示意图如图 3-2-12a 所示，实物图如图 3-2-12b 所示。

二、识读电气接线图

智能拆解搬运模块机械部件包含吸盘机械手和拆解模块两部分，其电气接线元器件使用比较多，电气接线图较为复杂，如图 3-2-13 所示。在识读电气接线图时，一般按照"从上到下，从左到右"的原则。下面将分步骤查看各部分的电气接线图，在查看图样后，在智能控制工作平台找到实物的位置和电气接线的端口。

表 3-2-5 "智能拆解搬运模块"工作台电柜接线区、接线端

功能划分	接线区	接线端
智能拆解搬运模块	STC 单片机扩展接线区	CM1、CM2
	电柜接线端	CB1、CR1

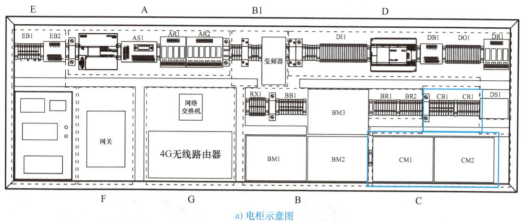

a) 电柜示意图

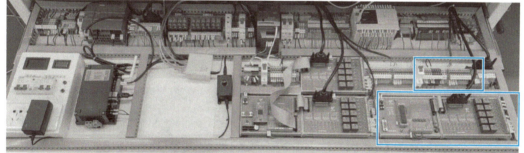

b) 电柜实物图

图 3-2-12 电柜示意图和实物图

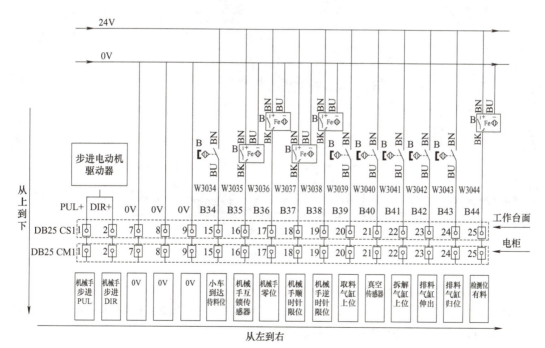

图 3-2-13 智能拆解搬运模块电气接线图

— 161 —

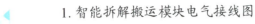
1.智能拆解搬运模块电气接线图

（1）识读电气接线图

由智能拆解搬运模块电气接线图可知，电路包含步进电动机的接线图和11个传感器的接线图，电路使用24V电源。

（2）在智能控制工作平台找出实物的接线位置

1）在智能控制工作平台找到"CS1"的位置。

2）在控制电柜找到"CM1"的位置。

3）"CS1"端口通过DB25的数据线，连接到电柜的"CM1"接口。

4）找出接线图所对应的元器件及器件编码、接线端的线码，实物图如图3-2-14所示。

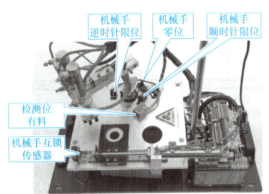

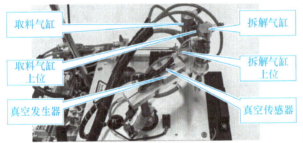
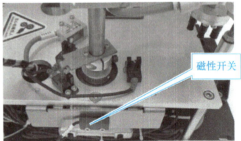
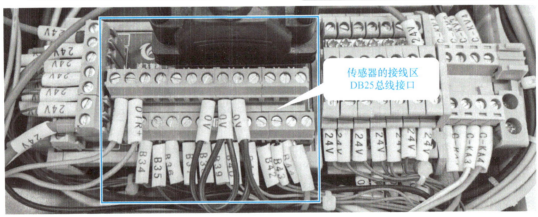

图3-2-14　传感器实物图和接线端

（3）传感器信号的检测

接通电源后，对照图3-2-13智能拆解搬运模块的电气接线图，按顺序检测各传感器信号输出是否正确，填入表3-2-6所示传感器信号检测表。

表 3-2-6　传感器信号检测表

序号	位置	对应的传感器或器件	器件线码	接线端线码	检测 CM1 接口的信号是否正确（正确打"√"或记录）
1	小车到达待料位	磁性开关	W3034	B34	DI1 指示灯（　　）
2	机械手互锁传感器	光电传感器	W3035	B35	DI2 指示灯（　　）
3	机械手零位	光电传感器	W3036	B36	DI3 指示灯（　　）
4	机械手顺时针限位	光电传感器	W3037	B37	DI4 指示灯（　　）
5	机械手逆时针限位	光电传感器	W3038	B38	DI5 指示灯（　　）
6	取料气缸上位	磁性开关	W3039	B39	DI6 指示灯（　　）
7	真空传感器（吸附工件传感器有信号）	磁性开关	W3040	B40	DI7 指示灯（　　）
8	拆解气缸上位	磁性开关	W3041	B41	DI8 指示灯（　　）
9	排料气缸伸出	磁性开关	W3042	B42	DI9 指示灯（　　）
10	排料气缸归位	磁性开关	W3043	B43	DI10 指示灯（　　）
11	检测位有料	光电传感器	W3044	B44	DI11 指示灯（　　）

2. 电磁阀电气接线图

（1）识读电气接线图

电磁阀的电气接线图如图 3-2-15 所示。图中包含拆解气缸、取料气缸、真空吸盘和排料气缸共 4 个气动执行元件电磁阀的接线。

（2）在智能控制工作平台找出实物的接线位置

1）在智能控制工作平台找到"CX1"的位置。

2）在控制电柜找到"CR1"的位置。

3）"CX1"端口通过 DB25 的数据线，连接到电柜的"CR1"接口。

4）找出接线图所对应的元器件及器件编码、接线端的线码，实物图如图 3-2-16、图 3-2-17 所示。

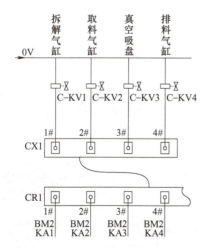

图 3-2-15　电磁阀电气接线图

图 3-2-16　传感器实物图和接线端

图 3-2-17 继电器控制电磁阀接线区

（3）电磁阀的调试

打开气阀开关，对照图 3-2-15 所示电磁阀电气接线图，逐一控制 KA1～KA4 继电器工作，即可控制电磁阀动作。观察气缸的运动状态，确定电磁阀及气路是否安装正确，并填写表 3-2-7。

表 3-2-7 电磁阀控制测试表

序号	位置		器件线码	接线端线码	继电器	在 CX1 接线端对应的线码，接入 24V，观察动作过程
1	智能拆解模块	拆解气缸	C-KV1	C-KA1	KA1	KA1 指示灯（　　）
2		取料气缸	C-KV2	C-KA2	KA2	KA2 指示灯（　　）
3		真空吸盘	C-KV3	C-KA3	KA3	KA3 指示灯（　　）
4		排料气缸	C-KV4	C-KA4	KA4	KA4 指示灯（　　）

3. 步进电动机电气接线图

（1）识读电气接线图

图 3-2-18 所示为步进电动机驱动器电气接线图。步进电机控制引脚 PUL+ 为脉冲控制端，DIR+ 为步进电动机正反转的方向控制端。PUL+ 接线端通过 DB25 总线的 1 脚连接到单片机的 P1.0 引脚控制，DIR+ 接线端通过 DB25 总线的 2 脚连接到单片机的 P1.1 引脚控制。

（2）在智能控制工作平台找出实物的接线位置

1）在智能控制工作平台找到"步进电动机驱动器"的位置。

2）找到步进电动机驱动器 PUL+、DIR+ 两个引脚在 DB25 总线接口的位置，接线端线码标记"PUL+"和"DIR+"，实物图如图 3-2-19 所示。

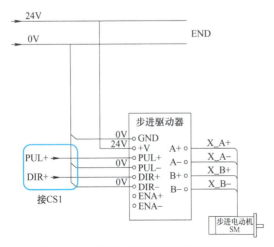

图 3-2-18 步进电动机驱动器电气接线图

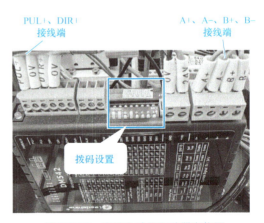

图 3-2-19 步进电动机驱动器实物图

（3）步进电动机测试

步进电动机的检测首先要按照电气接线图，检查线路连接是否正确；线路接线正确后，核实步进电动机驱动器的拨码开关设置是否正确。

线路检查和驱动器的设置均无问题后，可编写简单的单片机程序调试，确定步进电动机的运行是否正确，具体的测试程序见实训活页二单片机编程的内容。

三、识读气路系统图

"智能拆解搬运模块"的气路系统图如图3-2-20所示。气路系统包含排料气缸、拆解气缸、取料气缸、真空吸盘（环形真空发生器），使用4个二位五通电磁阀。气缸和真空发生器的状态见表3-2-8。

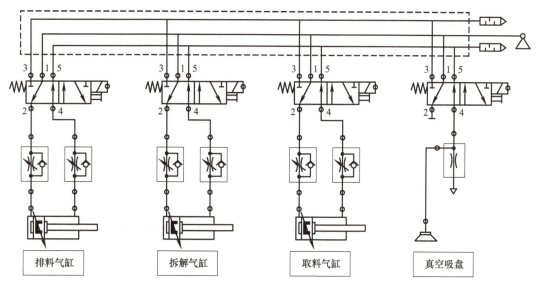

排料气缸　　拆解气缸　　取料气缸　　真空吸盘

图3-2-20 "智能拆解搬运模块"气路系统图

表3-2-8 "智能拆解搬运模块"气缸和真空发生器的初始状态

序号	气缸和真空发生器	初始状态
1	排料气缸	伸出
2	拆解气缸	缩回
3	取料气缸	缩回
4	真空发生器	无动作

实训活页二　STC单片机程序编写及调试

一、STC单片机控制电路

1. 单片机控制电路系统框图

"智能拆解搬运模块"的系统框图如图3-2-21所示，11个传感器信号和步进电动机的控制信号均通过DB25总线连接到单片机，单片机通过继电器电路控制电磁阀工作。当单片机接收到传感器的信号后，单片机将按照"智能拆解搬运模块"的功能要求，控制4个电磁阀和步进电动机工作。4个电磁阀则控制拆解气缸、取料气缸、排料气缸和真空吸盘动作。STC控制电路测试板如图3-2-22所示。

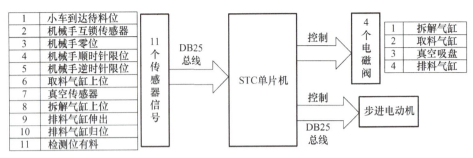

1	小车到达待料位
2	机械手互锁传感器
3	机械手零位
4	机械手顺时针限位
5	机械手逆时针限位
6	取料气缸上位
7	真空传感器
8	拆解气缸上位
9	排料气缸伸出
10	排料气缸归位
11	检测位有料

图 3-2-21 "智能拆解搬运模块"的系统框图

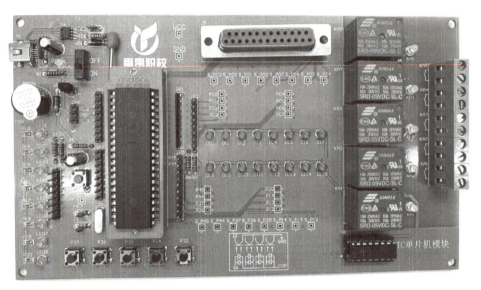

图 3-2-22 STC 控制电路测试板

智能拆解搬运模块使用的单片机型号为 STC12C5A60S2，单片机最小系统电路如图 3-2-23 所示。根据单片机控制板的电路图，列出"智能拆解搬运模块"所使用到的单片机控制引脚，具体单片机控制引脚分配表见表 3-2-9。

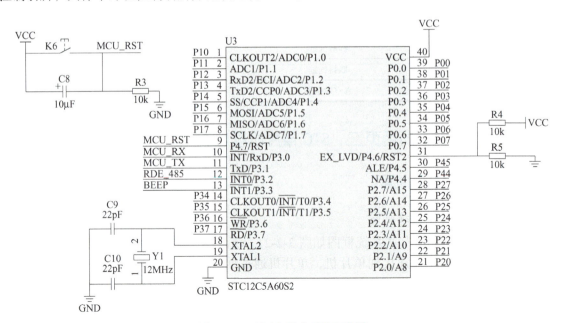

图 3-2-23 单片机最小系统电路图

表 3-2-9 单片机控制引脚分配表

序号	传感器或器件		器件线码	接线端线码	指示灯	单片机引脚
1	接收传感器信号	小车到达待料位	W3034	B34	DI1 指示灯	P0.1
2		机械手互锁传感器	W3035	B35	DI2 指示灯	P0.2
3		机械手零位	W3036	B36	DI3 指示灯	P0.3
4		机械手顺时针限位	W3037	B37	DI5 指示灯	P0.4
5		机械手逆时针限位	W3038	B38	DI4 指示灯	P0.5
6		取料气缸上位	W3039	B39	DI6 指示灯	P0.6
7		真空传感器	W3040	B40	DI7 指示灯	P0.7
8		拆解气缸上位	W3041	B41	DI8 指示灯	P4.5（30 脚）
9		排料气缸伸出	W3042	B42	DI9 指示灯	P4.4（29 脚）
10		排料气缸归位	W3043	B43	DI10 指示灯	P2.7
11		检测位有料	W3044	B44	DI11 指示灯	P2.6
12	控制电磁阀	拆解气缸	C-KV1	C-KV1	KA1 指示灯	P2.1
13		取料气缸	C-KV2	C-KV2	KA2 指示灯	P2.2
14		真空吸盘	C-KV3	C-KV3	KA3 指示灯	P2.3
15		排料气缸	C-KV4	C-KV4	KA4 指示灯	P2.4
16	步进电动机	步进电动机脉冲	PUL+	PUL+	脉冲信号	P1.0
17		步进电动机方向控制	DIR+	DIR+	高电平正转低电平反转	P1.1

2. 继电器控制电路

继电器控制电路如图 3-2-24 所示。该电路为一个继电器的控制电路，使用单片机的 P2.1 通过芯片 ULN2003 控制继电器 KC1 工作，COM1_IN 接 24V 电源，输出端 COM1_OUT 接电磁阀。单片机 P2.2 ～ P2.5 引脚分别控制余下的 4 个继电器。

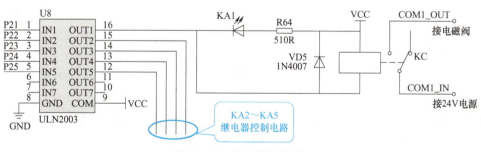

图 3-2-24 继电器控制电路

ULN2003 是高压、大电流达林顿阵列芯片，包含 7 个具有公共发射极的开路集电极达林顿对，ULN2003 逻辑图如图 3-2-25 所示，当输入端（IN）输入高电平时，输出端（OUT）输出低电平；当输入端（IN）输入低电平时，输出端（OUT）输出高电平。因此，当单片机引脚输出高电平时，继电器线圈得电，电磁阀动作；当单片机引脚输出低电平时，继电器失电，电磁阀不动作。继电器控制电路分析表见表 3-2-10。

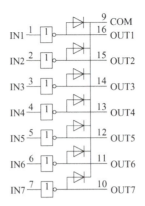

图 3-2-25　ULN2003 逻辑图

表 3-2-10　继电器控制电路分析表

序号	单片机引脚输出（P2.1 ～ P2.5）	ULN2003		继电器状态	电磁阀状态
		输入引脚（IN）	输出引脚（OUT）		
1	1	1	0	线圈得电，吸合	动作
2	0	0	1	线圈失电，不动作	不动作

3. 传感器信号接收电路

传感器信号接收电路如图 3-2-26 所示，图中只显示 S_P00 ～ S_P03 共 4 个传感器的输入、输出电路，输出端状态指示灯为 DI0 ～ DI3。其他 12 个接收传感器电路与此电路类似，输出端状态指示灯为 DI4 ～ DI15。

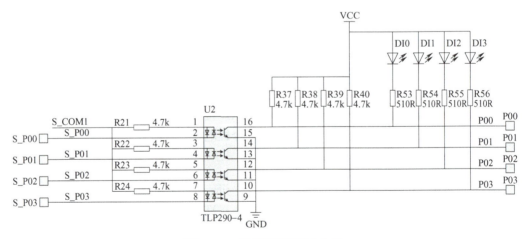

图 3-2-26　传感器信号接收电路

传感器信号通过 DB25 接口输入到单片机控制板，实际接收传感器信号的引脚分别为：P00 ～ P07、P45、P44、P27、P26、P20、P14、P13、P12 引脚。

二、程序的编写与调试

1. 功能描述

智能拆解搬运模块的功能如下：当 AGV 到达取料位，且检测位有工件时，启动视觉识别系统（工业相机）分辨出合格工件与不合格工件，并将相应的信号传送给 STC 单片机处理。当视觉识别系统输出低电平给单片机的 P1.2 引脚时，为合格产品；反之为不合格产品。

2.编程思路

当 AGV 到达取料位（DI1 亮），且检测位有工件（DI11 亮）时，开启视觉识别。

1）当识别的工件为合格品后，搬运机械手将合格的工件送去 AGV，工作步骤见表 3-2-11。

表 3-2-11　合格工件工作步骤

步骤	工作步骤
1	机械手的取料气缸转动到工件放置位→取料气缸伸出→真空吸盘动作吸气，将工件吸住（DI7 亮）
2	取料气缸缩回→转动机械手到 AGV 工件放置位
3	到达 AGV 工件放置位→取料气缸伸出→真空吸盘停止工作（DI7 灭）→工件放置到 AGV 上

2）当识别的工件为不合格品，将由拆解气缸将工件拆解，并通过排料气缸将拆散的工件送入回收盒，工作步骤见表 3-2-12。

表 3-2-12　不合格工件工作步骤

步骤	工作步骤
1	机械手的拆解气缸转动到工件放置位→拆解气缸伸出，将工件拆解→拆解气缸缩回
2	排料气缸缩回→将工件送入收集盒

3.分模块分步调试程序

根据表 3-2-9 所示单片机控制引脚分配表及智能拆解搬运模块的控制步骤，分模块编写测试程序，再完整实现智能拆解搬运模块的功能。

（1）电磁阀控制测试程序

```
#include "stc.h"
#define uchar unsigned char
#define uint unsigned int
// 电磁阀引脚定义
sbit ctr1=P2^1;                    // 拆解气缸，继电器 KA1 控制
sbit ctr2=P2^2;                    // 取料气缸，继电器 KA2 控制
sbit ctr3=P2^3;                    // 真空吸盘，继电器 KA3 控制
sbit ctr4=P2^4;                    // 排料气缸，继电器 KA4 控制
delay（uint t）
{
  uchar i;
  t=t*6;
  while（t--）
    for（i=0；i<123；i++）;
}
main()
{
  delay（1000）;                   // 上电初始化延时 1s
  ctr1=0;                          // 拆解气缸，等于 0 不动作
  ctr2=0;                          // 取料气缸，等于 0 不动作
  ctr3=0;                          // 真空吸盘，等于 0 不动作
  ctr4=0;                          // 排料气缸，等于 0 不动作
  while（1）
  {
      ctr1=1；delay（5000）;       // 拆解气缸伸出
```

```
        ctr1=0; delay（1000）;              // 拆解气缸缩回
        ctr2=1; delay（5000）;              // 取料气缸伸出
        ctr2=0; delay（1000）;              // 取料气缸缩回
        ctr3=1; delay（5000）;              // 真空吸盘吸气
        ctr3=0; delay（1000）;              // 真空吸盘不动作
        ctr4=1; delay（5000）;              // 排料气缸原状态为伸出，动作后缩回
        ctr4=0; delay（1000）;              // 排料气缸伸出
    }
}
```

（2）步进电动机测试程序

步进电动机测试程序实现步进电动机正转、反转功能，具体程序如下：

```
#include "stc.h"
#define uchar unsigned char
#define uint unsigned int
sbit pul=P1^0;                           // 步进电动机脉冲
sbit dir=P1^1;                           // 步进电动机方向控制
    de（uint t）
    {
      uchar i;
      while（t--）
        for（i=0; i<123; i++）;
    }
    mc_go()
    {
      uint i;
      dir=0;                             // 顺时针转动
      for（i=0; i<5000; i++）
      {
          pul=！pul; de（1）;
      }
      dir=1;                             // 逆时针转动
        for（i=0; i<5000; i++）
        {
          pul=！pul; de（1）;
        }
    }
    main()
    {
        while（1）
        { mc_go(); }                     // 调用步进电动机正反转运行程序
    }
```

（3）智能拆解搬运模块参考程序

```
    #include "stc.h"
    #define uchar unsigned char
    #define uint unsigned int
    // 电磁阀引脚定义
    sbit ctr1=P2^1;                      // 拆解气缸，继电器 KA1 控制
    sbit ctr2=P2^2;                      // 取料气缸，继电器 KA2 控制
```

```
    sbit ctr3=P2^3;                    // 真空吸盘，继电器 KA3 控制
    sbit ctr4=P2^4;                    // 排料气缸，继电器 KA4 控制
    // 传感器的引脚定义
    sbit di1=P0^1;                     // AGV 到达待料位
    sbit di2=P0^2;                     // 机械手互锁传感器
    sbit di3=P0^3;                     // 机械手零位
    sbit di4=P0^4;                     // 机械手顺时针限位
    sbit di5=P0^5;                     // 机械手逆时针限位
    sbit di6=P0^6;                     // 取料气缸上位
    sbit di7=P0^7;                     // 真空传感器
    sbit di8=P4^5;                     // 拆解气缸上位（30 脚）
    sbit di9=P4^4;                     // 排料气缸伸出（29 脚）
    sbit di10=P2^7;                    // 排料气缸归位
    sbit di11=P2^6;                    // 检测位有料
// 步进电动机控制引脚定义
    sbit pul=P1^0;                     // 步进电动机脉冲
    sbit dir=P1^1;                     // 步进电动机方向控制
// 是否合格品，视觉检测引脚定义
    sbit shijue=P1^2;                  // 视觉检测信号
    #define ni dir=1                   // 定义逆时针运行
    #define shun dir=0                 // 定义顺时针运行

    delay（uint t）
    {
      uchar i;
      t=t*6;
      while（t--）
        for（i=0；i<123；i++）;
    }
    de（uint t）
    {
      uchar i;
      while（t--）
        for（i=0；i<100；i++）;
    }
    go()
    { pul=！pul；go(); }                // 步进电动机脉冲输出程序
    void init1()
    {
      ni;
      while（di5==1）go();             // 步进电动机逆时针运行，直到 di5 零位传感器输出低电平为止
      shun;
      while（di3==1）go();             // 步进电动机顺时针运行，直到 di3 零位传感器输出低电平为止
    }
    void init2()
{
uint k=3000;
ni;
while（di5==1）go();                    // 步进电动机逆时针运行，直到 di5 零位传感器输出低电平为止
while（k--）go();                       // 步进电动机继续逆时针运行 3000 步
shun;
```

```
    while（di3==1）go();            // 步进电动机顺时针运行，直到 di3 零位传感器输出低电平为止
}
void mc_ni（uint n）               // 步进电动机逆时针运行程序
{
  ni;
  while（n--）go();
}
void mc_shun（uint s）             // 步进电动机顺时针运行程序
{
  shun;
  while（s--）go();
}
main()
{
  delay（1000）;                    // 上电初始化延时 1s
  P4SW=0x70;                       // 设置 P4.4、P4.5 引脚为 I/O 口
  ctr1=0;                          // 拆解气缸，等于 0 不动作
  ctr2=0;                          // 取料气缸，等于 0 不动作
  ctr3=0;                          // 真空吸盘，等于 0 不动作
  ctr4=0;                          // 排料气缸，等于 0 不动作
  init1();                         // 步进电动机回零点初始化程序
  while（1）
  {
    if（di1==0 &&di11==0 && shijue==0）    // 检测位有料、AGV 到达取料位、
    {                                      // 工件合格，则运行合格工件搬运程序
        mc_ni（19400）; delay（1000）;
        ctr2=1; delay（1000）;              // 取料气缸伸出
        ctr3=1; delay（1000）;              // 真空吸盘吸气
        ctr2=0; delay（1000）;              // 取料气缸缩回
        mc_shun（30500）; delay（1000）;     // 顺时针转动到 AGV 的位置
        ctr2=1; delay（1000）;              // 取料气缸伸出
        ctr3=0; delay（1000）;              // 真空吸盘不动作
        ctr2=0; delay（1000）;              // 取料气缸缩回
        init2();                           // 步进电动机从 AGV 位置，返回 di3 零点位置
    }
    if（di1==0 &&di11==0 && shijue==1）    // 检测位有料、AGV 到达取料位、
    {                                      // 不合格工件，则运行工件拆解程序
        mc_ni（23200）; delay（1000）;       // 逆时针转动到拆解位置
        ctr1-1; delay（1000）;              // 拆解气缸伸出
        ctr1=0; delay（1000）;              // 拆解气缸缩回
        ctr4=1; delay_ms（2000）;           // 排料气缸缩回
        ctr4=0; delay_ms（2000）;           // 排料结束，排料气缸伸出归位
        shun;
        while（di3==1）go();                // 步进电动机从拆解位置，返回 di3 零点位置
    }
  }
}
```

4. 程序调试

把程序下载到 STC 单片机模块，调试是否实现智能拆解搬运模块的全部功能。

 素养提升

程序语句感悟——面对挑战，做有担当的新时代青年学生

在编写单片机程序时，我们知道每一条指令都有其语法结构，每一条指令都要遵守语法规则，每一条指令都有它存在的意义。

作为中国公民及新时代青年学生中的一员，我们要树立正确的人生观，增强历史使命感和社会责任感，勇敢面对时代的挑战，肩负起自己的责任和使命，为国家、为人民、为社会发展贡献自己的力量。

能力拓展

一、AD 值按键

按键除了有独立按键和矩阵键盘之外，还有一种接法：是利用 AD 值的不同去识别不同按键，如图 3-2-27 所示。由于电阻分压的作用，可以使按键按下时，输出不同的电压。当按键没有按下时，KEY_AD 通过 1MΩ 的电阻接地，电压值为 0V。

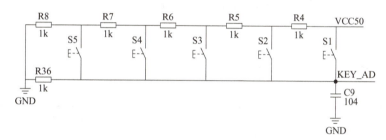

图 3-2-27　AD 值按键

不同的电压输入到单片机的 AD 引脚，经过 A/D 转换后，就能转换为不同的 AD 值，根据不同的 AD 值就识别不同的按键，见表 3-2-13。

表 3-2-13　按键 AD 值列表

按键	S1	S2	S3	S4	S5	无按键按下
按键按下的理想电压值	5V	4V	3V	2V	1V	0V
AD 值	255	204	153	102	51	0

注：根据以上 AD 值的大概范围，就能识别按下的按键。

二、74HC595 串行扩展

74HC595 是一个 8 位串行输入、并行输出的移位寄存器，并行输出为三态输出，芯片的工作原理如下：

1）1 位数据放在 DS 端，SH_CP 的上升沿到来时，DS 端数据输入到移位寄存器。

2）当输入 8 位数据后，在 ST_CP 的上升沿到来时，进入存储寄存器。

3）当使能 OE 为低电平时，存储寄存器的数据输出到总线 Q0 ～ Q7。

图 3-2-28 所示为 74HC595 串行扩展芯片电路，电路的 Q0 ～ Q7 连接 8 个发光二极管，

可以使用单片机编程，控制8个发光二极管显示各种效果，也可以输出数码管的段码，把段码数据通过发光二极管显示出来。

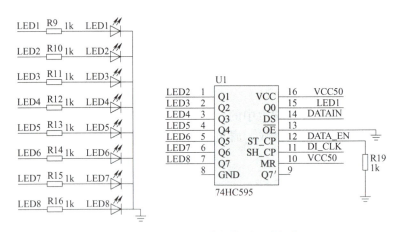

图 3-2-28　74HC595 单行扩展芯片电路

任务评价

1. 请对本任务所学智能拆解搬运模块的相关知识、技能、方法及任务实施情况等进行评价。

2. 请总结、归纳本任务学习的过程，分享、交流学习体会。

3. 填写任务评价表（见表 3-2-14）。

表 3-2-14　任务评价表

班级		学号		姓名			
任务名称	（3-2）任务二　智能拆解搬运模块的线路检测及调试						
评价项目	评价内容	评价标准	配分	自评	组评	师评	
知识点学习	了解智能分拣知识	简单描述智能分拣的知识	5				
	识别光电传感器	能正确识别光电传感器	5				
	磁性开关的基本知识	能正确描述磁性开关传感器的基本知识	5				
	识别磁性开关	能正确识别常用的磁性开关	5				
	识别 STC 单片机	能简述 STC 单片机的基本资源	5				
技能点训练	识读各部分电气接线图	能正确识读电路接线图	15				
	识图找电气元器件的接口及位置	能在实训设备上正确识别各元器件及接口	10				
	电路的调试	在实训设备上正确调试传感器等器件	10				
	气路的调试	在实训设备上正确调试气路元件等	10				
	程序编写及调试	按照模块功能正确编写及调试程序，实现模块功能	15				

（续）

评价项目	评价内容	评价标准	配分	自评	组评	师评
思政点领会	树立新时代青年正确的使命感及责任担当	通过编程语句的规范性意义，感悟新时代青年的历史意义及责任担当	5			
专业素养养成	安全文明操作	规范使用设备及工具	10			
	6S 管理	设备、仪表、工具摆放合理				
	团队协作能力	积极参与，团结协作				
	语言沟通表达能力	表达清晰，正确展示				
	责任心	态度端正，认真完成任务				
合计			100			
教师签名			日期			

▶▶ 总结提升

一、任务总结

1. 光电传感器可接为 PNP 型或 NPN 型输出。

2. 磁性开关是一种利用磁场信号来控制线路开关的器件，通常被安装在气缸的缸管上用来检测气缸活塞杆的位置，以便控制气缸的运动。

3. 步进电动机是将电脉冲信号转变为角位移或线位移的电动机，在非超载的情况下，电动机的转速、停止的位置只与脉冲信号的频率和脉冲数有关。

4. 当步进驱动器接收到一个脉冲信号时，驱动步进电动机按设定的方向转动一个固定的角度，称为步距角。

5. 步进电动机可以通过控制脉冲个数来控制角位移量，实现准确定位。

6. 步进电动机可以通过控制脉冲频率来控制电动机转动的速度和加速度，达到调速的目的。

7. 在识读电气接线图时，一般按照"从上到下、从左到右"的原则。

二、思考与练习

1. 填空题

（1）_____是将电脉冲信号转变为角位移或线位移的电动机。

（2）MR-30X 型光电传感器可接为_____或_____输出。

（3）_____是一种利用磁场信号来控制线路开关的器件。

（4）步进电动机可以通过控制_____来控制角位移量，实现准确定位。

（5）在气缸上，磁性开关主要用于检测_____的运作情况。

2. 选择题

（1）当气缸的磁环移动，慢慢靠近磁性感应开关的时候，磁性开关的磁簧片就会被感应（　　）。

A. 断开　　　　　　B. 接通　　　　　　C. 短路　　　　　　D. 开路

（2）磁性开关是一种有触点的（　　）元件。

A. 晶体管　　　　B. 有源电子开关　C. 无源电子开关　D. 干簧管

（3）步进电动机可以通过控制（　　）来控制电动机转动的速度和加速度，达到调速目的。

A. 脉冲频率　　　B. 脉冲个数　　　C. 步距角　　　　D. 信号脉冲

（4）传感器信号接收电路是通过（　　）转换后，把信号送到单片机引脚的。

A. 光电传感器　　B. 光电二极管　　C. 晶体管　　　　D. 光电耦合器

3. 简答题

（1）简述磁性开关在气缸中的工作原理。

（2）简述继电器控制电路的工作原理。

（3）简述传感器信号接收电路的工作原理。

（4）简述电气线路识读的步骤及方法。

（5）简述电气线路的检测及调试方法，可举例使用具体的元器件说明。

（6）简述智能拆解搬运模块的功能，描述程序编写的思路。

模块四

智能制造装备先进技术应用

任务一　工业机器人的认知及应用

知识目标

1. 了解机械手的功能及应用场景。
2. 掌握六轴机械手的安装接线。
3. 掌握六轴机械手的控制方法。
4. 理解六轴机械手的工作原理。

能力目标

1. 能正确描述机械手的功能及应用场景。
2. 能根据不同场景选用合适的机械手类型，按生产制造工艺，选择机械手的型号。
3. 能正确下载机械手控制软件，并且能够通信连接。
4. 能根据任务要求，完成对机械手的简单编程及调试。

素养目标

1. 培养学生认真细致、规范严谨的职业精神。
2. 培养学生安全规范操作的职业准则。
3. 培养学生团结协作的职业素养。

规范标准（国家标准、行业标准、JIS工艺标准等）

1. GB/T 20868—2007《工业机器人　性能试验实施规范》
2. GB/T 20867—2007《工业机器人　安全实施规范》
3. GB 28526—2012《机械电气安全　安全相关电气、电子和可编程电子控制系统的功能安全》
4. GB 11291.1—2011《工业环境用机器人　安全要求　第1部分：机器人》
5. GB/T 33262—2016《工业机器人模块化设计规范》
6. GB/T 33265—2016《教育机器人安全要求》
7. GB/T 29824—2013《工业机器人　用户编程指令》
8. GB/T 29825—2013《机器人通信总线协议》

9. GB/T 33263—2016《机器人软件功能组件设计规范》

10. JB/T 8896—1999《工业机器人　验收规则》

▶▶ 学习情境

机械手是机器人技术领域中得到最广泛实际应用的自动化机械装置，在工业制造、医学治疗、娱乐服务、军事、半导体制造以及太空探索等领域都能见到它们的身影。尽管它们的形态各有不同，但有一个共同特点，就是能够接收指令，精确地定位到三维（或二维）空间上的某一点进行作业。

工业机器人是面向工业领域的多关节机械手或多自由度的机器装置，它能自动执行工作，靠自身动力和控制能力来实现各种功能的一种机器，如图 4-1-1 所示。工业机器人可以接受人类指挥，也可以按照预先编排的程序运行，现代工业机器人还可以根据人工智能技术制定的原则纲领行动。工业机器人是机械手应用的典型。

图 4-1-1　工业机器人作业

随着社会经济及工业技术的发展，以及人工成本的不断攀升，很多生产企业都在考虑使用工业机器人降低人工成本。面对众多型号的工业机器人，企业负责人需要了解工业机器人的功能优势、工作特点以及维护保养等，才能选出满足企业生产需求的工业机器人。

 获取信息

子任务一　工业机器人认知

※ 任务描述

　　通过查阅工业机器人的认知材料，了解工业机器人的组成、应用场景、分类等基本知识及操作类型方式。对工业机器人技术的知识有简单的认知，拓宽科技视野；查阅参考资料，观看操作视频，规范使用搬运机械手模块。

※ 任务目标

　　1. 了解工业机器人的发展及其应用场景。
　　2. 掌握工业机器人的组成。
　　3. 掌握工业机器人的种类。
　　4. 掌握工业机器人的安全操作规范。

※ 知识点

　　本任务知识点列表见表 4-1-1。

表 4-1-1　本任务知识点列表

序号	知识点	具体内容	知识点索引
1	工业机器人概述	一、工业机器人简介 1. 工业机器人的特点 2. 工业机器人的发展 二、工业机器人的应用 1. 搬运码垛工业机器人 2. 焊接工业机器人 3. 喷涂工业机器人 4. 装配工业机器人	新知识
2	工业机器人的坐标系及硬件组成	一、工业机器人的坐标系 1. 工业机器人的运动轴 2. 工业机器人的关节坐标 3. 工业机器人的世界坐标系 4. 工业机器人的工具坐标系 5. 工业机器人的用户坐标系 二、工业机器人的硬件组成 1. 机器人本体 2. 控制柜 3. 示教器 4. 末端执行器	新知识

知识活页一　工业机器人概述

◆ 问题引导

1.工业机器人具有哪些显著特点？工业机器人应用在哪些场合？

2.工业机器人是由哪些部分组成的？各有什么作用？

3.工业机器人使用时需要注意什么？

◆ 知识学习

一、工业机器人简介

1.工业机器人的特点

机器人有多种表现形态，可分为工业机器人、服务型机器人以及特种机器人等多种类型，其中工业机器人是智能制造的核心部分。各国对工业机器人的定义不尽相同，但其内涵基本一致，其显著特点如下：

1）工业机器人是面向工业领域的多关节机械手或多自由度的操作机。

2）靠自身动力和控制系统而无须人为干预完成预先设计的程序。

3）可通过安装工具及制造用的辅助工具，完成搬运物料、焊接等各种作业。

4）具有一定的智能功能，可通过感知系统实现对周边环境的自适应。

2.工业机器人的发展

世界公认的第一台工业机器人由 Unimation 公司于 1956 年研制而成，并在 1961 年应用于汽车生产线。

1967 年，日本公司从美国购买了工业机器人 Unimate 的生产许可证书，从此日本开始了对工业机器人的研究及制造。

德国库卡（KUKA）公司于 1973 年将 Unimate 机器人改造成世界上第一台电动机驱动的六轴机器人，并命名为 Famulus。1974 年，瑞典通用电机公司开发出类似于人类机械手臂的工业机器人 IRB-6，该机器人最大的特点是由微控制器控制运行，从此便开启了以计算机和自动化技术为基础的现代工业机器人发展新征程。

1980 年，工业机器人开始在日本普及，因此该年也被称为"机器人元年"，从此工业机器人在日本得到了快速的发展，当前工业机器人四大家族（瑞士 ABB、德国库卡、日本发那科、日本安川电机）中日本厂家占据两位，可见日本在工业机器人领域的领先地位。

我国的工业机器人起步较晚，虽然从三国时期就开始有木牛流马的传说，但其与现在的工业机器人有所不同。现代意义上的工业机器人是从 1972 年开始研制，直到 1985 年我国才有了第一台六自由度关节机器人。随着计算机和自动化技术的发展，我国机器人行业发展迅速，研制开发了如特种机器人"潜龙二号"等先进机器人，同时工业机器人领域也涌现出了大量的国产品牌，突破了外国公司的垄断局面，但与先进国家相比，整体上来看仍任重而道远。

我国工业机器人保有量居全球首位，但机器人使用密度远小于制造业先进的日本、德国、意大利等国家。根据工业机器人发展前景预测，我国工业机器人产业还有较大的发展空间，预计最快在 2030 年工业机器人在各相关行业所提供的生产力将全面超过产业功能。

二、工业机器人的应用

很多实际工业应用场景中存在对人体不利的工作环境，使用工业机器人可避免这种工作环境对人体的伤害。将工业机器人与数控加工中心、自动导引车（Automated Guided Vehicle，AGV）等设备组合成自动生产线，在制造执行系统（Manufacturing Execution System，MES）下进行智能化生产，可有效提高生产质量和效率。工业机器人常应用于汽车、食品、铸造、化工、医药和电子制造等行业中，可用于弧焊、点焊、搬运、码垛、涂胶、喷漆、去毛刺、切割、激光焊接、分拣和测量等。

1. 搬运码垛工业机器人

工业机器人搬运是指利用安装在机器人本体上的末端执行器，将物料工件从一个位置移动到另一个位置。按搬运对象和放置方法，可分为一般搬运、码垛和拆垛。搬运码垛工业机器人（见图 4-1-2）减轻了操作人员的工作强度，常用于机床上下料、产品打包、自动化生产线装配等工作内容。

2. 焊接工业机器人

焊接工业机器人（见图 4-1-3）通过示教程序实现固定轨迹的顺序运行，从而实现长期高质量、高稳定性的焊接或点焊，主要由工业机器人本体、控制柜和自动送丝装置等部分组成，可明显提高焊接工作效率。

图 4-1-2　搬运码垛工业机器人

图 4-1-3　焊接工业机器人

手工焊接对操作人员有很大伤害，而且不能保证焊接质量。工业机器人的工作性能体现在：安装面积小，工作空间大，在保证定位高精度的情况下，可以小节距地实现多点定位，持重力大，示教简单，同时能够保证焊接质量。

弧焊工业机器人一般应用于多块金属连续结合处的焊缝工艺，可以完成自动送丝、熔化电极，并能在气体保护条件下进行焊接，其应用非常广泛。

3. 喷涂工业机器人

喷涂工业机器人（见图 4-1-4）代替作业者在危险环境下操作，在减少油漆消耗的同时获得更为快速、准确的喷涂响应和稳定的喷涂质量。

由于油漆属于易燃、易爆化学品，因此喷涂工业机器人除外观需满足防爆要求外，还必须采用隔离危险空气的腔体和良好的接地装置，以导出机器人表面聚集的静电。

4. 装配工业机器人

装配工业机器人（见图 4-1-5）因其重复精度高常用于复杂的装配过程，以减小零部件装配误差，提高零部件装配精度。

图 4-1-4　喷涂工业机器人　　　　　图 4-1-5　装配工业机器人

在工业机器人末端安装不同的执行器，配合传感器或视觉系统，可高效、精准地进行零部件装配，并具备一定的自适应性。日本发那科生产的工业机器人，就是由机器人组装和试验的，实现了无人化作业。

通过安装不同的执行器，工业机器人可执行包括切割、清洗、抛光、水切割等加工应用。

知识活页二　工业机器人的坐标系及硬件组成

◆ **问题引导**

1. 工业机器人有哪几种坐标系？
2. 工业机器人的硬件部分由哪些组成？

◆ **知识学习**

为了方便叙述工业机器人的坐标系、示教器、I/O 板块等专业知识，本任务以发那科（FANUC）机器人为载体展开介绍。工业机器人由工业机器人本体、控制柜、示教器和末端执行器等部分组成，如图 4-1-6 所示。

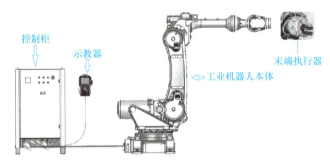

图 4-1-6　工业机器人的结构

一、工业机器人的坐标系

1. 工业机器人的运动轴

工业机器人的运动轴是机器人实现各种动作和功能的关键组成部分，实际生产中使用的工业机器人多以六轴为主，如图 4-1-7 所示。工业机器人 J1 ～ J6 轴分别负责机器人的整体旋转、大臂运动、小臂运动、手腕旋转、手腕上下摆动和手腕圆周运动。这些轴的运动相互配合，实现了机器人在三维空间中的灵活运动和复杂操作。六轴关节机器人中，J1 ～ J6 轴的定义如下：

图 4-1-7　工业机器人的运动轴和关节坐标系

（1）J1 轴（本体回旋）

定义：J1 轴是工业机器人的基座轴，负责机器人本体的整体旋转运动。

功能：通过 J1 轴的旋转，机器人可以调整其整体朝向，为后续的手臂和手腕动作提供方向基础。

（2）J2 轴（大臂运动）

定义：J2 轴连接机器人的基座和大臂，控制大臂的上下运动。

功能：通过 J2 轴的运动，机器人可以调整大臂的高度和角度，为后续的小臂和手腕动作提供位置基础。

（3）J3 轴（小臂运动）

定义：J3 轴连接大臂和小臂，控制小臂的旋转和摆动。

功能：J3 轴的运动使得小臂能够相对于大臂进行旋转和摆动，从而改变机器人手臂的末端位置和方向。

（4）J4 轴（手腕旋转运动）

定义：J4 轴位于机器人手腕部分，控制手腕的旋转运动。

功能：通过 J4 轴的旋转，机器人可以调整手腕的方向，使末端执行器（如夹爪、焊枪等）能够以正确的姿态到达目标位置。

（5）J5 轴（手腕上下摆动）

定义：J5 轴同样位于机器人手腕部分，控制手腕的上下摆动。

功能：J5 轴的运动使得手腕能够上下摆动，进一步调整末端执行器的姿态和位置，以适应不同的工作任务。

（6）J6 轴（手腕圆周运动）

定义：J6 轴是机器人手腕的最后一个轴，控制手腕的圆周运动（类似于手腕的旋转）。

功能：J6 轴的运动为机器人提供了额外的灵活性，使得末端执行器能够在三维空间实现更复杂的动作和姿态调整。

2. 工业机器人的关节坐标

关节坐标系是设定在工业机器人关节中的坐标系。关节坐标系中工业机器人的位置和姿态以各个关节运动轴的径向为基准进行移动，如图 4-1-7 所示。

3. 工业机器人的世界坐标系

世界坐标系是被固定在空间上的标准直角坐标系，其被固定在由工业机器人事先确定的位置。世界坐标系用于位置数据的示教和执行。有关各工业机器人（R 系列 /M 系列 /ARC Mate/LR Mate）的世界坐标系原点位置的大致标准为：

1）顶吊安装工业机器人、M-710iC：J1轴处于0位时，离J4轴最近的J1轴上的点。

2）顶吊安装工业机器人、M-710iC以外：在J1轴上水平移动J2轴而交叉的位置。

4. 工业机器人的工具坐标系

工具坐标系是用来定义工具中心点（TCP）的位置和工具姿态的坐标系。工具坐标系必须事先进行设定。在没有定义的时候，将按照默认工具坐标系执行。

5. 工业机器人的用户坐标系

用户坐标系是用户对每个作业空间进行定义的直角坐标系。用户坐标系是基于世界坐标系而设定的。它用于位置寄存器的示教和执行、位置补偿指令的执行等。在没有定义的时候，将由世界坐标系来替代该坐标系。各个直角坐标系的坐标原点具体如图4-1-8所示。

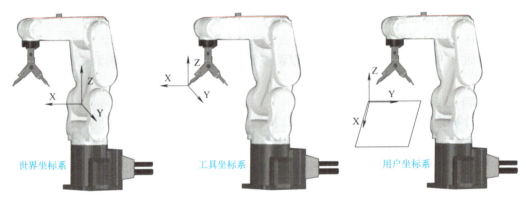

世界坐标系　　　　　　工具坐标系　　　　　　用户坐标系

图 4-1-8　工业机器人直角坐标系

二、工业机器人的硬件组成

工业机器人的外部结构由机器人本体、控制柜、示教器和末端执行器等部分组成。

1. 机器人本体

机器人本体又称为操作机，是工业机器人的机械主体，用来完成各种作业。机器人本体因作业任务不同而在结构型式和尺寸上存在差异，普遍采用关节型结构，即类似人体的腰、肩和腕等仿生结构，主要由机械臂、驱动装置、传动单元及内部传感器等部分组成，各环节每一个结合处是一个关节点，一般为四轴或六轴。通用的六轴机器人结构如图4-1-9所示。

工业机器人的基本构成是实现机器人功能的基础，现代工业机器人大部分都是由三大部分和六大系统组成。

1）机械部分：该部分是机器人的血肉组成部分，即常说的机器人本体。机械部分包括两大系统，即驱动系统、机械结构系统。

2）感知部分：感知部分包括两大系统，即感知系统、机器人 – 环境交互系统。

3）控制部分：控制部分包括两大系统，即人机交互系统、控制系统。

FANUC工业机器人由交流伺服电动机驱动。交流伺服电动机由制动单元、交流伺服电动机本体和绝对值脉冲编码器三部分组成。

2. 控制柜

工业机器人控制柜是根据指令及传感信息控制工业机器人完成一定动作或作业任务的装置，是工业机器人的控制单元，负责工业机器人系统的整体运算与控制。它通过各种控制电路硬件和软件的结合来操纵机器人，并协调机器人与生产系统中其他设备的关系。工业机器人控制柜外观和各部分名称如图 4-1-10 所示，主要有模式选择开关、循环启动按钮、急停按钮、断路器、散热风扇、USB 接口等。

图 4-1-9　通用的六轴机器人结构

图 4-1-10　工业机器人控制柜外观

工业机器人控制柜内部器件的安装位置如图 4-1-11 所示，主要模块及其功能见表 4-1-2。

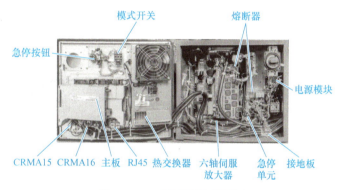

图 4-1-11　工业机器人控制柜

表 4-1-2　工业机器人控制柜内部模块及其功能

模块名称	功能
熔断器	内部保护模块，机器人运动轴、主板及示教器均由熔断器保护，更换时必须替换同型号熔断器
电源模块	为控制柜及机器人本体提供电源
急停单元	处理急停信号
六轴伺服放大器	为工业机器人本体电动机提供动力源
热交换器	节能降耗
RJ45	以太网接口，通常有两个接口分别用于内部及外部以太网通信
主板及 I/O 设备接口	由 CRMA15、CRMA16 两个接口组成，是工业机器人与外围设备 I/O 通信的主要接口

3. 示教器

示教器是机器人人机交互系统的重要组成部分。用户可以通过它对工业机器人进行点动进给、程序创建、测试执行、操作执行和姿态确认等操作。示教器通过电缆连接在控制柜上。它是主管应用工具软件与用户之间的接口操作装置。FANUC 工业机器人的示教器如图 4-1-12 所示。

（1）示教器的开关

示教器的开关如图 4-1-13 所示，各开关的功能见表 4-1-3。

图 4-1-12　FANUC 工业机器人的示教器

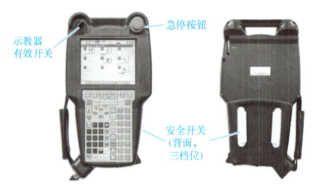

图 4-1-13　示教器的开关

表 4-1-3　示教器的开关及其功能

开关	功能
示教器有效开关	示教器有效开关置于 ON 状态时，示教器控制有效；置于 OFF 状态时，除了急停功能外，点动进给、程序创建、测试执行等功能无法进行
安全开关	三段式安全开关，扳到中间位置为按压有效。有效时，从安全开关松手或者用力按压时，机器人会停止
急停按钮	按下急停按钮时，无论示教器的开关处于哪种状态，都会使工业机器人停止

（2）示教器常用的按键

示教器的按键如图 4-1-14 所示，常用按键及其功能见表 4-1-4。

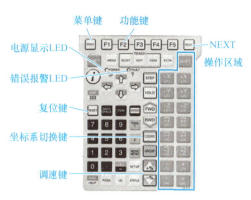

图 4-1-14　示教器的按键

表 4-1-4　示教器常用的按键及其功能

按键	功能
F1—F2—F3—F4—F5	F 键（功能键），用来选择界面对应位置的功能菜单
MENU	MENU 键（菜单键），用来显示界面菜单栏
SHIFT	SHIFT 键，与其他键组合同时按下时，可以实现点动进给、位置数据的示教、程序的启动等功能。按键区内两个 SHIFT 键的功能一致
COORD	COORD 键（坐标系切换键），用来切换手动进给时所采用的坐标系。可以切换的坐标系有"关节""手动""世界""工具""用户"等
+% -%	调速键，用来设置机器人移动速度的倍率。调节范围从"微速"到"100%"（低于 5% 时以 1% 为刻度切换，高于 5% 时以 5% 为刻度切换）
ENTER	ENTER 键，用于数值的输入和菜单的选择确认
点动键	点动键，与 SHIFT 键配合使用。"J1+""J1–"控制 J1 关节轴的正反转运行，以此类推。J7、J8 用于同一群组内的附加轴控制

4. 末端执行器

工业机器人本体最后一个轴的机械接口通常为连接法兰，可接装不同的机械操作装置，如图 4-1-15 所示。它可能是用于抓取搬运的手部（爪）或吸盘，也可能是用于喷漆的喷枪、用于焊接的焊枪、用于给工件去毛刺的倒角工具、用于磨削的砂轮以及检测的测量工具等。

法兰面

图 4-1-15　可安装各种末端执行器的工业机器人法兰面

▶▶ 素养提升

从"工业机器人的示教"到"按步骤安全高效完成任务"的工作意识

工业是一个国家的血脉，工业机器人的发展水平代表着国家工业自动化程度的高低。我国的机器人行业起步较晚，从 20 世纪 70 年代的萌芽期、80 年代的开发期、90 年代的实用化期发展至今，经过不懈努力，工业机器人研发已初具规模，差距在逐渐缩小。

工业机器人的基本工作原理是示教（见图 4-1-16），也称导引示教，即人工导引机器人，一步步按实际需求动作流程操作一遍，机器人在导引过程中自动记忆示教的每个动作的姿态、位置、运动、工艺参数等，然后自动生成可以连续执行的程序，确保机器人在空间的运动，从而安全、高效地完成工作任务。同样地，在某些重要的生产环节，必须严格按照安全生产规定，按步骤完成工作任务。工匠精神就要倾力专注、精益求精，办好每件事情，将各项工作做到极致、做出境界、做成精品，就要在工作落实上持之以恒。

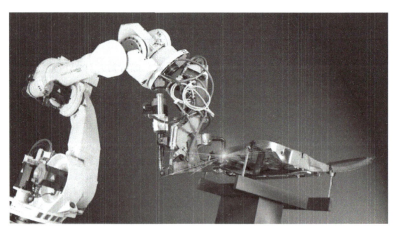

图 4-1-16　工业机器人示教——安全高效完成任务

 **任务实施**

子任务二　工业机器人的搬运及调试

※ 任务描述

本任务主要以搬运机械手平台、工业机器人实训平台为载体，通过对搬运机械手平台的结构观察、编程调试等操作，认知搬运机械手的工作过程，掌握电气接线图的识读步骤及方法，学会电路、气路的检测及调试方法。通过移动端APP与搬运机械手平台进行连接，示教搬运机械手平台的动作，并下载到搬运机械手平台，实现搬运机械手平台用于物料搬运的功能。

本任务通过对工业机器人实训平台的了解及操作，让学生切实体验到实际生产线中工业机器人的应用及重要地位；通过操作方法及工作流程的指引，掌握工业机器人的操作形式。

※ 任务目标

1. 能够自行安装搬运机械手的控制软件。
2. 能够通过 APP 控制软件对搬运机械手进行示教控制。
3. 能够独立控制工业机器人的移动。
4. 能够控制工业机器人执行器的运作。

※ 设备及工具

设备及工具见表 4-1-5。

表 4-1-5　设备及工具

设备与材料	数量	备注
24V 直流电源	1 台	在智能控制实训台上有 12V 直流电源
单片机模块（含单片机芯片）	1 个	单片机型号为 STC12C5A32S2
流体控制模块	1 个	
DB25 接口板	1 个	
红、黑导线	若干	
20 口排线	1 个	连接单片机模块与接口扩展模块
计算机	1 台	预装 Windows 操作系统
串口线	1 条	
小号螺丝刀	1 个	
智能移动端	1 台	预装 Android 系统

软件环境要求见表 4-1-6。

表 4-1-6　软件环境要求

软件	备注
Keil μVision5	单片机编程软件
stc-isp-15xx-v6.83	单片机程序下载软件、串口调试
Modscan32	Modbus 通信协议的快速调试工具
LAMCHUA	搬运机械手控制软件

实训活页一　搬运机械手的搬运控制及调试

搬运机械手主要组成部分包括气动机械夹手、X轴、Y轴、Z轴、停止/复位/启动功能按键、控制模块，如图4-1-17所示。

1. 搬运机械手通信连接

（1）安装搬运机械手控制APP

打开APP安装包，安装APP。

（2）搬运机械手设备与APP通过WiFi建立通信

每台工业机器人内置有WiFi发射器，其WiFi名称为：LAMCHUA_XXX（XXX为机器编号）。WiFi密码为：LAMCHUA_XXX（XXX为机器编号），调试工业机器人时，必须要连接其WiFi，如图4-1-18所示。

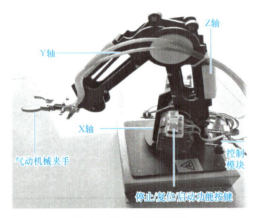

图4-1-17　搬运机械手

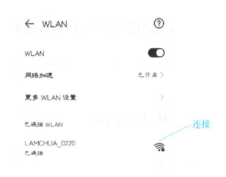

图4-1-18　Android设备连接机械手WiFi

（3）APP控制界面简介

可通过下载到手机、平板计算机等Android设备的专用APP，实现对机械手的控制及运行程序的编写，APP控制界面及功能如图4-1-19所示。

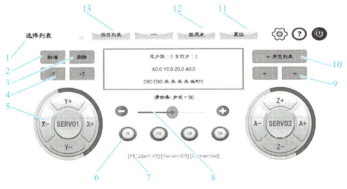

图4-1-19　搬运机械手APP控制界面及功能

1—选择存储程序列表　2—新增步骤　3—删除步骤　4—延时时长设定
5—方向控制 X+、X−、Y+、Y−、Z+、Z− 三个轴六个方向　6—手爪控制
7—如果该文字显示红色并闪烁，表示没有连接机器人WiFi，应检查网络　8—移动灵敏度调节
9—执行上一步、下一步　10—清空列表内的程序　11—执行程序复位　12—机器人回原点　13—程序保存至该列表

2.搬运机械手应用

当动作列表完成下载时，机器人内部蜂鸣管发出"嘀嘀嘀…"提示声。此时断电重启机器人。复位后即可校验步骤是否符合使用要求。

注意：当机器人运行可能或即将碰到其他模组时，应立即停止或断电，避免对机器人及其他模组造成损坏。

实训活页二　工业机器人的搬运控制及调试

一、工业机器人介绍

本次实训将模拟生产线中的供料、输送、搬运、入库环节，实训设备如图 4-1-20 所示。

该设备配备有圆形物料和方形物料，本次实训需要依据任务要求选择相应的物料并编写机器人程序，操作机器人对物料实施加工。实训物料如图 4-1-21 所示。

图 4-1-20　工业机器人实训设备

图 4-1-21　实训物料

二、任务要求

任务实施前，有必要检查机器人及周边设备是否正常。确认正常后，可自行上电开机。

手动将圆柱形料仓、方形料仓等空的料仓（见图 4-1-22）装满物料，装满后如图 4-1-23 所示，即各料仓装入 3 颗物料。物料摆放位置如图 4-1-24 所示。

图 4-1-22　空的料仓

图 4-1-23　装满后的料仓

图 4-1-24　物料摆放位置

工业机器人末端执行器为真空吸盘，方便将物料吸起。物料被推料气缸推出料仓后，将由电动机驱动输送带运送至终点待吸取位置。工业机器人执行器 I/O 见表 4-1-7。

表 4-1-7　工业机器人执行器 I/O 表

执行器名称	I/O 地址
真空吸盘	DO 104
圆柱推料气缸	DO 109
方块推料气缸	DO 110
流水线传送	DO 111

三、工业机器人的工作流程

流程步骤如下，运行轨迹如图 4-1-25 所示。

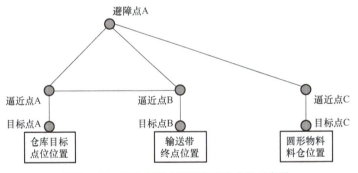

图 4-1-25　工业机器人运行轨迹及点位示意图

1）系统开始运行，料仓推出一个方形物料。

2）推料气缸缩回。

3）输送带开始运行，将物料输送到输送带终点位置。

4）物料到达终点位置后，输送带停止运动。

5）机器人靠近物料正上方逼近点 B 悬停。

6）机器人移动至目标点 B。

7）真空吸盘开始工作，吸取物料。

8）机器人吸起物料移动至正上方逼近点 B。

9）机器人移动至仓库正上方逼近点 A 悬停。

10）机器人移动至仓库"方块 2"目标点 A。

11）真空吸盘停止工作，放下物料。

12）机器人移动至仓库正上方逼近点 A。

13）机器人移动至避障点 A。

14）料仓推出一个圆形物料。

15）推料气缸缩回。

16）输送带开始运行，将物料输送到输送带终点位置。

17）物料到达终点位置后，输送带停止运动。

18）机器人靠近物料正上方逼近点 B 悬停。

19）机器人移动至目标点 B。

20）真空吸盘开始工作，吸取物料。

21）机器人吸起物料移动至正上方逼近点 B。

22）机器人移动至避障点 A。

23）机器人移动至圆形物料料仓正上方逼近点 C。

24）机器人移动至目标点 C。

25）1s 后真空吸盘停止工作。将物料重新放回料仓。

26）机器人返回避障点 A。运行结束。

四、操作方法

1. 移动机器人的操作方法

1）弹起急停按钮，示教器有效开关打到"ON"上。

2）同时按下"安全开关""SHIFT""RESET"，复位报警信号。

3）按下"COORD"键，切换坐标系至"世界坐标"。

4）按下"+%""–%"，调整速度为 30%。

5）按下"安全开关""SHIFT""方向键"，移动机器人。当机器人逼近到目的地时，提前停止，并降速至 1%。直到到达目标点。

2. 机器人搬运的操作方法

1）弹起急停按钮，示教器有效开关打到"ON"上。

2）同时按下"安全开关""SHIFT""RESET"，复位报警信号。

3）按下"MENU"键，向下找到"I/O"一栏，向右进入该栏，找到"数字"栏，按"SHIFT"键 +"向下"，快速找到相应的输出点（DO 101～114）。

4）移动光标，找到"DO 109 圆柱气缸"，按下"F4"，使其为"ON"状态，此时，气缸会伸出。

5）按下"F5"，使其为"OFF"状态，此时，气缸会缩回。

6）移动光标，找到"DO 111 流水线传送"，按下"F4"，使其为"ON"状态，此时，流水线会运行，送料。

7）物料到达输送带终点时，按下"F5"，使其为"OFF"状态，此时，流水线会停止。

8）按下"COORD"键，切换至"世界坐标系"。

9）按下"+%""–%"，调整速度为 30%。

10）按下"安全开关""SHIFT""方向键"，移动机器人。当机器人逼近到目的地时，提前停止，并降速至 1%。直到到达目标点。

11）移动光标，找到"DO 104 吸盘"，按下"F4"，使其为"ON"状态，此时，物料被吸住。

12）将机器人移动至仓库位置附件，并降速。到达目的地时，按下"F5"，使其为"OFF"状态，此时，物料被放下。

拓展阅读

工业机器人的安全使用

工业机器人运动空间属于危险场所，错误操作工业机器人不仅会导致工业机器人系统损坏，甚至有可能造成现场工作人员伤亡，为保证安全，须遵循以下事项：

1）不得在易燃易爆、高湿度和无线电干扰环境条件下使用工业机器人，且不以运输人或动物为目的。

2）操作者在操作工业机器人前必须接受过工业机器人使用安全教育，严禁恶意操作及恶意实验。

3）进入操作区域时，必须佩戴安全帽，且不要戴手套操作示教器和操作面板。接通电源前，须检查所有的安全设备是否正常，包括工业机器人和控制柜等。

4）进入工业机器人运动范围内之前，编程者必须将模式开关从自动模式改为手动模式，并保障工业机器人不会响应任何远程命令。

5）使用示教器操作前，须确保平台上无其他人员，要预先考虑工业机器人的运动轨迹，并确定该轨迹线路不会受到干扰。

6）实践过程中，仅执行编程者编辑或了解的程序，同时保证只能由编程者一人控制工业机器人系统。

7）在点动操作工业机器人时，须采用较低的倍率以增加对工业机器人的控制机会。

8）必须明确工业机器人控制器及外围设备上急停按钮的位置，当出现意外时，可使用急停按钮。

9）工业机器人开始自动运行前，须保障作业区域内无人，安全设施安装到位并正常运行。工业机器人使用完毕后须按下急停按钮，并关闭电源。

10）维护工业机器人时，须查看整个系统并确认无危险后，方可进入工业机器人工作区域，同时关闭电源、锁定断路器，防止在维护过程中意外通电。

11）注重工业机器人日常维护，检查工业机器人系统是否有损坏或裂缝，维护结束后，必须检查安全系统是否有效，并将工业机器人周围和安全栅栏内打扫干净。

任务评价

1.请对本任务所学工业机器人的相关知识、技能、方法及任务实施情况等进行评价。

2.请总结、归纳本任务学习的过程，分享、交流学习体会。

3.填写任务评价表（见表4-1-8）。

表 4-1-8 任务评价表

班级		学号		姓名			
任务名称	（4-1）任务一　工业机器人的认知及应用						
评价项目	评价内容	评价标准		配分	自评	组评	师评
知识点学习	了解工业机器人的发展及其应用场景	简述工业机器人的几种应用场景		5			
	工业机器人的组成	简单描述工业机器人的组成部分		10			
	工业机器人的种类	简述工业机器人的种类		10			

（续）

评价项目	评价内容	评价标准	配分	自评	组评	师评
知识点学习	工业机器人的安全操作规范	安全履行安全操作规范	5			
技能点训练	安装软件平台	给安卓移动端设备安装控制软件	10			
	搬运机械手的安装接线	能正确安装机械手接线	15			
	搬运机械手的通信	掌握用 WiFi 通信机械手的方法	20			
	搬运机械手的编程	掌握用 APP 示教机械手的技能	10			
思政点领会	工业机器人示教体现的工作意识	正确理解按流程安全高效完成工作任务的重要性	5			
专业素养养成	安全文明操作	规范使用设备及工具	10			
	6S 管理	设备、仪表、工具摆放合理				
	团队协作能力	积极参与，团结协作				
	语言沟通表达能力	表达清晰，正确展示				
	责任心	态度端正，认真完成任务				
合计			100			
教师签名			日期			

▶▶ 总结提升

一、任务总结

1. 工业机器人的特点

1）工业机器人是面向工业领域的多关节机械手或多自由度的操作机。

2）靠自身动力和控制系统而无须人为干预完成预先设计的程序。

3）可通过安装工具及制造用的辅助工具，完成搬运物料、焊接等各种作业。

4）具有一定的智能功能，可通过感知系统实现对周边环境的自适应。

2. 工业机器人的应用

1）搬运码垛工业机器人。

2）焊接工业机器人。

3）喷涂工业机器人。

4）装配工业机器人。

3. 工业机器人的组成：一台完整的工业机器人可分为三大部分或六大系统。三大部分：机械部分、感知部分和控制部分。六大系统：驱动系统、机械结构系统、感知系统、机器人 – 环境交互系统、人机交互系统、控制系统。

4. 工业机器人的硬件结构：工业机器人的外部结构由工业机器人本体、控制柜、示教器和末端执行器等部分组成。

二、思考与练习

1. 填空题

（1）工业机器人的外部结构由_____、_____、_____和末端执行器等部分组成。

（2）HOLD（暂停）键用来_____。

（3）关节坐标系中工业机器人的_____和_____，以各关节底座侧的关节坐标系为基准来确定。

（4）在示教器中，"COORD"键，可选择的坐标有：_____、_____、_____、_____、_____。

2. 选择题

（1）机器人示教器是机器人（　　）的重要组成部分。

A. 驱动系统　　　　　　　　　B. 机器人–环境交互系统

C. 人机交互系统　　　　　　　D. 控制系统

（2）工业机器人设备上有急停开关，开关颜色为（　　）。

A. 红色　　　　B. 绿色　　　　C. 蓝色　　　　D. 黑色

（3）（　　）以用机器人的轴数进行描述，代表工业机器人的机器机构运行的灵活性和通用性。

A. 自由度　　　B. 驱动方式　　　C. 控制方式　　　D. 工作速度

（4）机器人的英文单词是（　　）。

A. botre　　　　B. boret　　　　C. robot　　　　D. rebot

（5）从本质上讲，"工匠精神"是一种职业精神，它是（　　）的体现，是从业者的一种职业价值取向和行为表现。

A. 职业道德　　　　　　　　　B. 职业能力

C. 职业品质　　　　　　　　　D. 职业岗位

3. 简答题

（1）搬运机械手如何安装接线？

（2）搬运机械手如何进行通信连接？

（3）搬运机械手如何进行示教编程？

（4）简述示教器急停按钮的作用。

（5）简述工业机器人的外部结构。

任务二　工业视觉系统的认知及应用

▶ 知识目标

1. 了解工业视觉系统的功能及应用场景。

2. 掌握工业视觉的组成模块以及工作原理。

3. 掌握工业视觉的组态以及通信编程。

4. 掌握工业视觉的信号判别逻辑以及摄像头参数调整对物料识别的作用。

能力目标

1. 能正确述说视觉的主要功能及应用场景。
2. 能根据不同场景搭建视觉判别逻辑以及摄像头参数调整。
3. 能正确组装视觉系统，并且能够通信连接。

素养目标

1. 培养学生认真细致、规范严谨的职业精神。
2. 培养学生安全规范操作的职业准则。
3. 培养学生团结协作的职业素养。

规范标准（国家标准、行业标准、JIS工艺标准等）

1. GB/T 39005—2020《工业机器人视觉集成系统通用技术要求》
2. GB/T 40659—2021《智能制造　机器视觉在线检测系统　通用要求》
3. GB/T 40654—2021《智能制造　虚拟工厂信息模型》

▶▶ 学习情境

　　机器视觉技术是利用电子信息技术来模拟人的视觉功能，从客观事物的图像中提取信息和感知理解，并用于检测、测量和控制等领域的一项技术。机器视觉有着比人眼更高的分辨精度和速度，且不存在人眼疲劳问题。

　　机器视觉技术是一项综合技术，其中包括光源照明技术、光学成像技术、传感器技术、数字图像处理技术、模拟与数字视频技术、计算机软硬件技术、控制技术、人机接口技术、机械工程技术等。

　　机器视觉技术具有节省时间、降低生产成本、优化物流过程、缩短机器停工期、提高生产率和产品质量、减轻测试及检测人员劳动强度、减少不合格产品数量、提高机器利用率等优势，另外，机器视觉强调实用性、实时性、高速度、高精度、高性价比、通用性、鲁棒性、安全性，能适应工业现场恶劣的环境。

　　机器视觉可用来保证产品质量、控制生产流程、感知环境等，在工业检测、机器人视觉、农产品分选、医学、机器人导航、军事、航天、气象、天文、公安、安全等方面应用广泛，几乎覆盖国民经济的各个行业（见图 4-2-1）。

图 4-2-1　工业视觉系统的应用

▶▶ 获取信息

子任务一　工业视觉系统认知

※ 任务描述

　　通过查阅工业视觉系统的认知材料，了解工业视觉系统的组成、工业视觉系统的应用场景、工业视觉系统的分类等基本知识及操作类型方式；对工业视觉技术的知识有简单的认知，拓宽科技视野；查阅参考资料，观看操作视频，规范使用工业视觉模块。

※ 任务目标

　　1. 了解工业视觉系统的功能及应用场景。
　　2. 掌握工业视觉系统组成结构。
　　3. 掌握工业视觉系统的硬件组成部分。
　　4. 了解工业视觉系统的硬件部分的功能以及类型。

※ 知识点

　　本任务知识点列表见表 4-2-1。

表 4-2-1　本任务知识点列表

序号	知识点	具体内容	知识点索引
1	工业视觉系统概述	一、工业视觉系统的应用 1. 机器视觉技术在电子半导体行业中的应用 2. 机器视觉技术在汽车制造业中的应用 3. 机器视觉技术在流水线生产中的应用 二、生产过程中视觉系统的工作原理	新知识
2	工业视觉系统的组成	一、工业视觉系统的组成 二、工业视觉系统的光源 1. 背光照明 2. 环形照明 3. 同轴光源 4. 条形光源 5. 圆顶光源 三、工业视觉系统的相机 1. 相机的核心——CCD 图像传感器 2. 焦距 3. 光圈 4. 快门 5. 景深	新知识

知识活页一　工业视觉系统概述

◆ **问题引导**

1. 工业视觉系统具有哪些应用场合？
2. 机器视觉系统是由哪些部分组成的？有什么作用？
3. 工业机器视觉使用时需要注意什么？

◆ **知识学习**

一、工业视觉系统的应用

1. 机器视觉技术在电子半导体行业中的应用

电子行业属于劳动密集型行业，需要大量人员完成检测工作，而随着半导体工业大规模集成电路日益普及，制造业对产量和质量的要求日益提高，在需要减少生产力成本的前提下，机器视觉技术扮演着不可或缺的角色。机器视觉技术在电子半导体行业中的应用案例有：

1）对集成电路（IC）表面字符的识别及引脚数目的检测、长短脚的判别和引脚间距离的检测。

2）高速贴片机上对电子元器件的快速定位。

3）精密电子元器件上微小异物和缺陷的检测，晶片单品合格与否的判定。

2. 机器视觉技术在汽车制造业中的应用

1）汽车总装和零部件检测，包括零部件尺寸、外观、形状的检测；总成部件错漏装、方向、位置的检测；读码、型号、生产日期的检测；总装配合机器人焊接导向和质量的检测；轴承生产中对滚珠数量的计数、滚珠间隙的检测和滚珠及内外圈破损的检查；轴承密封圈的生产中对焊接表面粗糙度和有否凹陷、裂缝、膨胀及不规则颜色的检测；电气性能和功能检测。

2）汽车仪表盘检测，包括仪表盘指针角度检测和指示灯颜色检测等。

3）发动机检测，如机加工位置、形状和尺寸大小检测；活塞标记方向和型号检测；曲轴连杆、字符、型号检测；缸体缸盖读码、字符、型号检测等。

3. 机器视觉技术在流水线生产中的应用

机器视觉技术在各类流水线生产中有着巨大的市场（见图 4-2-2），流水线生产的应用案例有：

1）瓶装啤酒生产流水线检测系统：可以检测啤酒是否达到标准容量、标签是否完整。

2）螺纹钢外形轮廓尺寸的探测系统：以频闪光作为照明光源，利用面阵和线阵 CCD（电荷耦合器件）作为螺纹钢外形轮廓尺寸的探测器件，实现热轧螺纹钢几何参数的在线动态检测。

图 4-2-2　机器视觉技术在流水线生产中的应用

3）轴承实时监控系统：实时监控轴承的负载和温度变化，消除过载和过热危险。

4）金属表面的裂纹检测系统：作为一种常用的无损检测技术，用微波作为信号源，测量金属表面的裂纹。

5）医药包装检测系统：包装袋表面条码读取和生产日期的检测；药片的外形及其包装情况的检查；胶囊生产的壁厚和外观检查。

6）零部件测量系统：应用于长度测量、角度测量、面积测量等方面。

机器视觉技术的出现极大地提高了生产质量，将企业从劳动依赖中解放出来，实现自动生产、检测，在降低劳动成本、应对市场竞争、提高效率等方面起到积极的推动作用。随着行业特点的不断挖掘，各行各业对于机器视觉技术的需求不断增加，这意味着机器视觉技术具有非常好的市场前景。

二、生产过程中视觉系统的工作原理

按照现在人类科学的理解，人类视觉系统的感受部分是视网膜，它是一个三维采样系统。三维物体的可见部分通过晶状体投影到视网膜上，大脑按照投影到视网膜上的二维图像来对该物体进行三维理解，并做出思维判断或肢体动作指令，如图 4-2-3 所示。所谓三维理解是指对被观察物体的形状、尺寸、离观察点的距离、质地和运动特征（方向和速度）等的理解。

一个典型的机器视觉系统的组成部分与人类的视觉环境相似，包括光源、镜头、相机、图像处理软件、输入 / 输出（I/O）单元（如图像采集卡等），如图 4-2-4 所示。

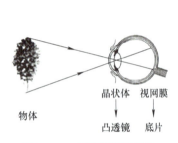

图 4-2-3　人眼成像原理图

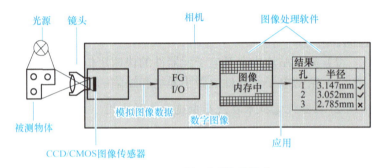

图 4-2-4　机器视觉系统的构成

机器视觉系统利用相机将被检测的目标转换成图像信号，再通过图像采集卡将图像信号传送给专用的图像处理软件，根据像素分布和亮度、颜色等信息，转变成数字信号。

图像处理软件通过一定的矩阵、线性变换，将原始图像画面变换成高对比度图像，对这些数字信号进行各种运算来抽取目标的特征，如面积、数量、位置、长度，再根据预设的允许度和其他判断条件输出结果，包括尺寸、角度、个数、合格 / 不合格、有 / 无等，实现自动识别功能。最后，根据判别的结果来控制现场的设备动作或数据统计，方便工艺质量的提高。视觉检测在检测缺陷和防止缺陷产品输出等方面具有不可估量的价值。

知识活页二　工业视觉系统的组成

◆ 问题引导

1. 工业视觉系统包括哪几部分？

2. 工业视觉系统是由哪些部分组成的？有什么作用？

3. 工业机器人应用中的机器视觉定位系统由哪些部分组成？

◆ 知识学习

一、工业视觉系统的组成

机器（Machine）是指由各种金属和非金属部件组成的装置。光作用于视觉器官，使其感受细胞兴奋，然后经神经系统加工后便产生视觉（Vision）。视觉中的"视"指光源、镜头、相机、图像采集卡等硬件系统，"觉"则指感知、分析、理解等软件。机器视觉（Machine Vision）是一个系统的概念，是人工智能的一个分支，是集现代先进控制技术、计算机技术、传感器技术于一体的光机电技术。

工业视觉系统是基于机器视觉技术为机器或自动化生产线建立的一套系统。一个典型的工业视觉系统包括光照系统、光学系统、图像捕捉系统、图像数字化模块、数字图像处理模块、智能判断决策模块和机械执行模块等。

常用的工业视觉系统包括光照系统（光源）、数字摄像机（或工业相机）、图像内存、计算处理系统等部件，如图 4-2-5 所示。

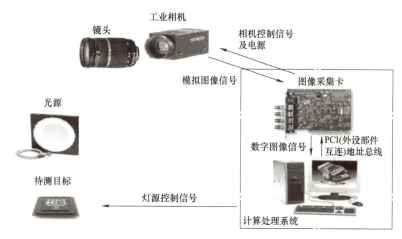

图 4-2-5　工业视觉系统构成示意图

光照系统用于提供稳定良好的光照环境，使得被检测物体的基本特征能够被识别。镜头是为了能够把物体清晰的图像呈现出来。数字摄像机是把图像信息处理成可被识别的信息。

二、工业视觉系统的光源

就如同我们的眼睛一样，视觉系统并不能看到物体，只能看到从物体表面反射过来的光。机器视觉应用中 90% 的成功案例来自于恰当的照明，如果相机（或摄像机）无法看到零件和标记，自然也就无法进行识别和检测。

照明的目的是将被测物体与背景尽量明显区分，以获得高品质、高对比度的图像。利用有效照明可以使被测特征对比度最大化，如图 4-2-6 所示，所以说照明的效果将直接影响图像处理的精度与速度，甚至视觉应用的成败。

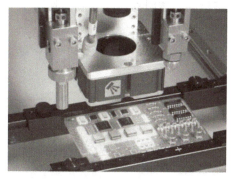

图 4-2-6　视觉系统的照明功能示意图

正在发光的物体称为光源，而"正在"这个条件必须具备。光源可以是天然的或人造的，如今应用于工业视觉系统中的光源通常是 LED 光源。

LED 光源由多颗 LED 排列而成，可以设计成复杂的结构，实现不同的光源照射角度。LED 光源使用寿命长且反应快捷，能在 10ms 或更短时间内达到最大亮度。下文将介绍几种工业视觉系统中常用的照明形式。

1. 背光照明

背光照明是相对于入射照明而言的。如图 4-2-7 所示，要观察到清晰明亮的显微镜载物台上的载玻片样本，可以在载玻片下方安装一个光源，照向载玻片，即光线通过被测物体背面照射上来的照明方式。入射照明是指光源安装在镜头和被测物体之间，如图 4-2-8 所示。光线先照射在载物台上，再由载物台反射光线到物镜去。这种照明方式被称为入射照明。

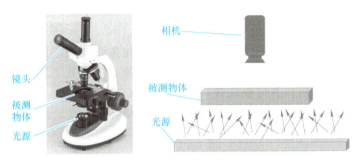

图 4-2-7　背光照明

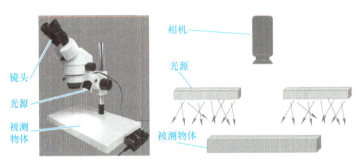

图 4-2-8　入射照明

　　背光照明与别的照明方式有很大不同，因为图像分析的不是反射光而是入射光，使用这种方式可以获得稳定的高对比度图像。背光照明可强烈凸显物体的轮廓特征，却无法辨别物体的表面特征，十分适合物体的形状检测和半透明物体的检测，如图 4-2-9 所示。通常可以用于以下情况的视觉检测：机械零件的外形尺寸测量，电子零件、IC 芯片形状检测，胶片的污迹检测，透明物体的划痕检测等。

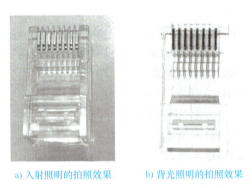

a) 入射照明的拍照效果　　　　b) 背光照明的拍照效果

图 4-2-9　半透明物体在不同照明下的拍照效果

2. 环形照明

　　如图 4-2-10 所示，环形光源是指 LED 阵列成圆锥状以斜角照射在被测物体表面，通过漫反射方式照亮一小片区域。与检测目标的距离恰当时，环形光源可以突出显示被测物体的边缘和高度变化，突出原本难以看清的部分，适合用于边缘检测、金属表面的刻字和损伤检测，也可用于电子零件、塑胶成型零件上的文字检查，可有效去除因小型工件表面的局部反射造成的影响。

3.同轴光源

如图 4-2-11 所示，同轴光源（也叫漫射同轴灯、金属平面漫反射照明光源）从侧面将光线发射到半反射镜上，反射镜再将光线反射到工件上，提供了几近垂直角度的光线，从而获得比传统光源更均匀、更明亮的照明，提高了机器视觉的准确性。

图 4-2-10　环形光源

图 4-2-11　同轴光源

4.条形光源

条形光源如图 4-2-12 所示，使用条形光源可以均匀照射宽广区域，其方向性好，尺寸灵活多变，结构可自由组合，角度也可自由调整，可应用于金属表面的检测、表面裂纹的检测以及 LCD（液晶显示器）面板检测等。

5.圆顶光源

如图 4-2-13 所示，圆顶光源（又叫穹顶光源、Dome 光源、连续漫反射光源）是指 LED 环形光源安装在碗状表面内且向圆顶内照射，来自环形光源的光通过高反射率的扩散圆顶进行漫反射，实现均匀照明。对于形状复杂的工件，圆顶光源可以将工件各个角度照亮，从而消除了反光不均匀的地方，可获得工件整体的无影图像。

圆顶光源适用于各种形状复杂的工件，通常可用于以下情况：饮料罐上的日期文字检查，手机按键上的文字检查，金属、玻璃等反射较强的物体表面的检测，弹簧表面的裂缝检测等。

a) 条形光源

b) 条形光源的自由组合

图 4-2-12　条形光源

图 4-2-13　圆顶光源

三、工业视觉系统的相机

用在工业生产中的视觉传感器也常被称为工业相机。如同我们去选购单反相机时会分别购买镜头和机身一样，工业相机也是由镜头和相机主机组成的。镜头是由一块或者多块光学玻璃或塑料组成的透镜组，用于收集光线，产生锐利的图像。相机主机的主要组件为图像传感器，有不同大小、不同材质，以及单色、彩色等多种型号，能够将镜头收集到的光线转变为电信号。与传统的民用相机相比，工业相机在图像稳定性、抗干扰能力和传输能力上有着更大的优势，是组成整个视觉系统的关键部分。工业相机性能的好坏也决定了机器视觉系统的稳定性。工业相机的重要参数见表 4-2-2。

表 4-2-2　工业相机的重要参数

序号	定义	注释
1	图像	图像传感器接收到的内容
2	视野	物体在某一方面上可被检测到的区域
3	工作距离	从镜头前端到被测物体表面的距离
4	传感器尺寸	传感器的有效面积，典型的指标是水平尺寸
5	景深	在整个聚焦范围内，能够维持清楚成像对应的最大物体深度

1. 相机的核心——CCD 图像传感器

电荷耦合器件（Charge-Coupled Device，CCD）也称为 CCD 图像传感器、CCD 感光芯片，是一种半导体器件，如图 4-2-14 所示。可以将它看作一种集成电路，感光元件整齐地排列在半导体材料上面，能感应光线。CCD 的作用就像传统的胶片一样，用来承载图像，但它能够把光学影像转换成数字信号。

图 4-2-14　CCD 感光芯片

CCD 的成像点呈 XY 纵横矩阵排列，每个成像点由一个光电二极管和其控制的一个邻近电荷存储区组成。光电二极管将光线转换为电荷，聚集的电荷数量与光线强度成正比。在读取这些电荷时，各行数据被移动到缓存器中。每行的电荷信息被连续读出，再通过电荷／电压转换器和放大器传至图像采集卡。

2. 焦距

焦距（Focal Length）也称为焦长，是光学系统中衡量光的聚集或发散的度量方式，指从透镜中心到光聚集焦点的距离；也是相机中从镜片光学中心到底片或图像传感器成像平面的距离。短焦距的光学系统往往比长焦距的光学系统具有更佳的聚集光的能力。

当一束与凸透镜的主轴平行的光穿过凸透镜时，在凸透镜的另一侧会被凸透镜汇聚成一点，这一点叫作焦点（F），焦点到凸透镜光心的距离就叫这个凸透镜的焦距（f），如图 4-2-15所示。一个凸透镜的两侧各有一个焦点。凸透镜能成像，一般用凸透镜做照相机的镜头时，它成的最清晰的像一般不会正好落在焦点上，或者说，最清晰的像到光心的距离（像距）一般不等于焦距，而是略大于焦距。

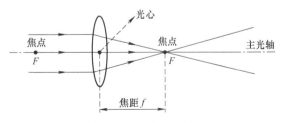

图 4-2-15　焦距 f 和焦点 F

相机的镜头是一组透镜，当平行于主光轴的光线穿过透镜时，光会聚到一点上，这个点叫作焦点，焦点到透镜中心（即光心）的距离，就称为焦距。焦距固定的镜头，即定焦镜头；焦距可以调节变化的镜头，就是变焦镜头。

1）在设计上，将镜头透镜的主平面与底片或图像传感器的距离调整为焦距的长度，然后远距离的物体就能在底片或 CCD 上形成清晰的影像。当镜头要拍摄比较接近的物体时，使镜头的主平面与 CCD 或胶片的距离发生变化，有限距离内的物体便得以清晰成像。

2）在应用上，如果工作距离不变，可选择定焦镜头；如果工作距离有变，可选择变焦镜头。如果需要测量的景深大，则根据物像最近、最远端都可清晰成像选择焦距范围。

3）焦距的计算方式：

$$焦距 =（传感器尺寸 × 镜头到物体的距离）/ 视野$$

3. 光圈

光圈（Aperture）是一个用来控制光线透过镜头进入机身内感光面光量的装置，通常设置在镜头内。对于已经制造好的镜头，不能随意改变镜头的直径，但是可以通过在镜头内部加入多边形或者圆形，甚至面积可变的孔状光栅来达到控制镜头进光量的目的，这个装置就是光圈。

（1）光圈的计算方式

光圈是照相机上用来控制镜头孔径大小的部件，用以控制景深、镜头成像质量，同时可以和快门速度协同控制进光量，光圈的大小（或称光圈系数、光圈值）用 f 值表示，即

$$光圈 f 值 = 镜头的焦距 / 光圈孔径$$

（2）光圈与孔径的关系

光圈是相机镜头中由几片极薄的金属片组成，中间能通过光线。通过改变孔的大小来控制进入镜头的光线量。如图 4-2-16 所示，光圈开得越大，通过镜头进入的光量也就越多。光圈的值通常用 f1、f2 来表示。数字越大，光圈越小，反之则越大。

図 4-2-16　光圈与孔径的关系

当快门速度不变时，合适的光圈大小能带来正常的曝光。如果光圈过大，会导致曝光过度，过小则会导致曝光不足。

光圈除了用来调节曝光量，最重要的是控制图片的景深。景深与光圈的关系是，光圈越大，景深越浅，光圈越小，景深越深。光圈越小，f 相对应的数值越大，比如，f22 的光圈小于 f16 的光圈。

4. 快门

快门（Shutter）是控制光线进出的闸门。假设其他因素不变，快门速度越高，能够通过

镜头进入的光线也就越少，反之就越多。

（1）不同快门的拍摄效果

快门速度是摄影中用于表达曝光时间的专门术语，即相机快门开启的有效时间长度。总的曝光量和曝光时间成正比，也可以说是和光到达胶片或图像传感器的持续时间成正比。快门速度和镜头的光圈大小一起决定光到达胶片或图像传感器的量。图 4-2-17 所示为不同快门速度下的拍照效果。

图 4-2-17　不同快门速度下的拍照效果

（2）快门与光圈的关系

快门速度快，调大光圈；快门速度慢，调小光圈。一般情况下，保持一定的曝光量，快门和光圈有以下的组合：f2，1/500；f2.8，1/250；f4，1/125；f5.6，1/60；f8，1/30；f11，1/15。

5. 景深

景深（Depth of Field）是指在摄影机镜头或其他成像器前沿能够取得清晰图像的成像所测定的被摄物体前后距离范围。在聚焦完成后，焦点前后的范围内所呈现的清晰图像的距离，这一前一后的范围，分别叫作前景深和后景深。

景深随镜头的光圈值、焦距、拍摄距离的不同而变化。成像示意图如图 4-2-18 所示。光圈越大，景深越小；光圈越小，景深越大。焦距越长，景深越小；焦距越短，景深越大。距离拍摄体越近时，景深越小；反之，景深越大。

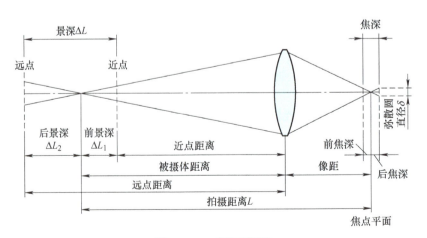

图 4-2-18　成像示意图

▶▶ 素养提升

践行工匠精神

工业视觉判别的原理是模型对比，模型参数需要不断优化才得以具备检测识别功能。工匠精神强调的是对工作的追求和高标准的要求，视觉系统在捕捉画面时对光线强度要求较高，所以为了保证视觉系统工作的稳定性，需要我们做好每一个环节的参数修订，注重细节，对于每一个细节都心无旁骛地关注，在完成每一个任务的过程中，严格要求自己，不断优化参数，不断发掘工作中潜在的问题和欠缺。这就要求人们更注重视觉调试的参数优化与细节处理，从而提高整体工作质量。掌握工业视觉方面的专业知识，深入了解识别、检测、建模、对比等环节，了解现有技术的限制和优势，持续地学习与实践，掌握专业技能。

工匠精神培养了人们对工作的投入和热情。对于先进的工业视觉技术应用，我们要不断尝试使用新的方法与情景，要勇于尝试，不断地创新，在一个个的工业视觉应用项目实践中发现问题，挑战自己的极限，不断突破，从而增强自我成就感。

总之，践行工匠精神可以提高个人和企业在工业视觉方向发展的竞争力，使人们更快地成长并取得成功。

▶▶ 任务实施

子任务二　工业视觉系统的安装及应用

※ 任务描述

本任务主要认识相机模块，熟悉光源、光源控制器、视觉摄像头及控制软件等。体验检测工件的特性，如颜色等；思考如何对装配效果进行实时检测操作。如何将视觉系统的硬件部分进行连接通信，如何使用软件对视觉系统进行调试等，体验工业视觉系统的应用、智能控制工作平台的工作过程。

※ 任务目标

1. 掌握视觉模块的安装与调试。
2. 熟悉视觉相机系统的通信。
3. 掌握视觉模块对颜色的判别调试。

※ 设备及材料

设备及材料见表 4-2-3。

表 4-2-3　设备及材料

设备与材料	数量	备注
12V 电源适配器	1 个	相机电源适配器
24V 电源适配器	1 个	光源电源适配器
视觉相机	1 个	
SSCOM 串口调试工具	1 个	SSCOM 是 Simple Serial COM Port Monitor 的缩写，是一款串口调试工具，主要用来调试蓝牙，检测串口状况
计算机	1 台	预装 Windows 操作系统
RS485 通信线	1 条	
相机通信千兆网线	1 条	
光源电源线	1 条	

实训活页一　工业视觉系统的硬件接线及组态

一、工业视觉硬件系统的组成

工业视觉系统由工业相机、相机镜头、相机电源、相机光源、光源电源、光源控制器、调试软件、软件加密狗、通信线缆等部分组成，具体系统构成如图4-2-19所示。

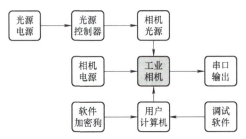

图4-2-19　工业视觉硬件系统构成

二、工业视觉硬件系统的安装

1. 准备好所需要的部件

硬件外观及名称如图4-2-20所示。

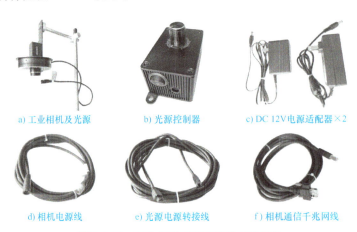

a) 工业相机及光源　　　b) 光源控制器　　　c) DC 12V电源适配器×2

d) 相机电源线　　　e) 光源电源转接线　　　f) 相机通信千兆网线

图4-2-20　工业视觉系统硬件外观及名称

2. 连接光源部分电路

1）将 AC 220V 转 DC 24V 光源电源适配器连接至光源控制器（见图4-2-21a）上，连接效果如图4-2-21b所示。

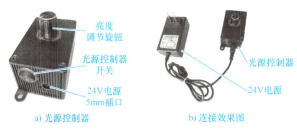

亮度
调节旋钮

光源控制器
开关

24V电源
5mm插口

光源控制器

24V电源

a) 光源控制器　　　　　　b) 连接效果图

图4-2-21　光源电源部分连接效果图

2）用光源电源转接线（见图 4-2-20e）一端连接光源控制器（见图 4-2-22a），另一端连接光源模块（见图 4-2-22b）。光源部分整体连接效果如图 4-2-22c 所示。

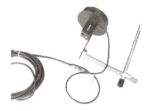

a) 光源电源转接线连接光源控制器　　b) 光源电源转接线连接光源模块　　c) 光源电源部分整体连接效果

图 4-2-22　光源部分连接效果图

3. 连接相机部分电路

（1）电源接线

AC 220V 转 DC 12V 相机电源适配器连接至相机电源线（见图 4-2-20d）一端上，如图 4-2-23a 所示，相机电源线另一端通过防误插航空插头连接至相机模块上，注意插防航空插头时要对准缺口位置，对准后可轻松插入接口，连接效果如图 4-2-23b 所示。相机电源部分整体连接效果如图 4-2-23c 所示。

a) 相机电源线连接相机电源适配器　　b) 相机电源线连接相机模块　　c) 相机电源部分整体连接效果

图 4-2-23　相机电源部分连接效果图

（2）通信接线

将相机通信千兆网线（见图 4-2-20f）的带固定螺杆的一端连接至相机模块上。对准网口缺口位置，如图 4-2-24a 所示；插入网线并旋紧固定螺杆，如图 4-2-24b 所示；连接好的效果如图 4-2-24c 所示。网线另一端插入计算机网口，如图 4-2-24d 所示，以此建立通信链路，至此，工业视觉系统硬件部分安装完成。

a) 对准网口缺口位置　　b) 插入网线并旋紧固定螺杆　　c) 连接好的效果　　d) 网线另一端插入计算机网口

图 4-2-24　相机通信部分连接效果图

实训活页二　工业相机的通信及调试

一、安装视觉编程软件

在计算机上安装海康威视的"MVS""VisionMaster4.0.0"两款视觉编程软件。

二、将软件加密狗插入计算机 USB 接口

工业相机的软件有加密功能，需要在计算机 USB 接口接入加密狗（见图 4-2-25）才能打开。

图 4-2-25　工业相机加密狗

三、配置软件设置

1. 打开 "MVS" 软件

界面如图 4-2-26 所示。

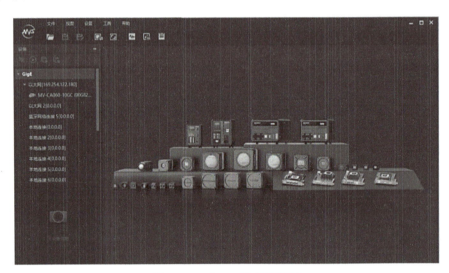

图 4-2-26　"MVS" 软件界面

2. 相机通信

双击 "以太网栏" 下检测到的相机，单击触发按钮，触发模式选择关闭，选择 "开始采集"。如能看到采集的图像，表明计算机与相机通信成功，如图 4-2-27 所示。

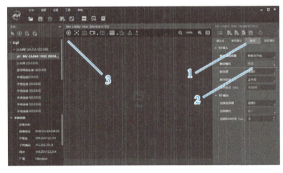
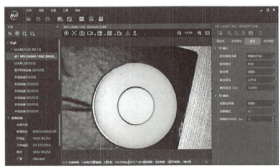

图 4-2-27　采集图像

3. 相机管理

1）关闭 "MVS" 软件，打开 "VisionMaster4.0.0" 软件，选择 "通用方案"，如图 4-2-28

所示。打开后界面如图 4-2-29 所示，单击"相机管理"图标。

图 4-2-28　选择"通用方案"

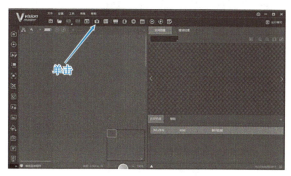

图 4-2-29　单击"相机管理"

2）单击"设备列表"的"+"，再选择"全局相机"，单击"确定"按钮，如图 4-2-30 所示。单击"选择相机"下拉框，选择查找到的相机型号，如图 4-2-31 所示。

图 4-2-30　选择"全局相机"

图 4-2-31　选择相机型号

4.采集图像

1）鼠标滚轮往下滚动，找到"触发源"选择"SOFTWARE"，单击"确定"按钮，如图 4-2-32 所示。单击左上角"采集"图标按钮，选择"图像源"将方框拖至右侧工作框，如图 4-2-33 所示。

图 4-2-32　选择"触发源"

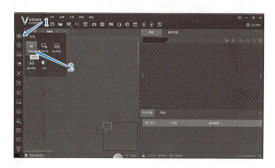

图 4-2-33　选择"图像源"

2）鼠标左键双击图像源，打开"图像源"设置栏，"图像源"选择"相机"、"关联相机"选择"0 全局相机 1"、"输出 Mono8"选择"ON"，单击"确定"按钮，如图 4-2-34 所示。单击"单次执行"图标按钮，可以看见摄像头已经捕捉到了画面，如图 4-2-35 所示。

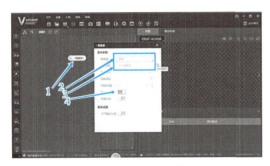

图 4-2-34　图像源参数设置

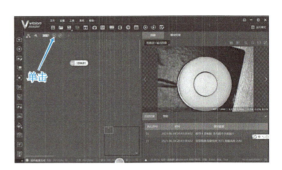

图 4-2-35　捕捉画面

5.图像匹配

1）单击左上角"定位"图标按钮，选择"快速匹配"，将方框拖至右侧工作框，如图 4-2-36 所示。双击"2 快速匹配 1"，打开"快速匹配"设置栏，"输入源"选择"1 图像源1.灰度图像"，如图 4-2-37 所示。

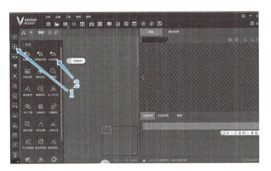

图 4-2-36　选择"快速匹配"

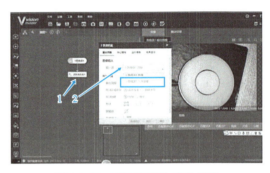

图 4-2-37　"快速匹配"参数设置

2）选择"特征模板"单击"创建"按钮，如图 4-2-38 所示。选择创建"扇圆形掩膜"，在图像上沿着边框连续画出两个圆形，划定采集范围，单击"确定"按钮，如图 4-2-39 所示。

图 4-2-38　选择"特征模板"

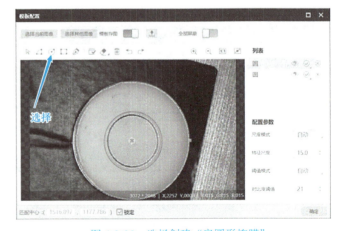

图 4-2-39　选择创建"扇圆形掩膜"

3）单击左上角"定位"图标按钮，选择"位置修正"，将其拖至工作框中，如图 4-2-40 所示。"位置修正"参数设置如图 4-2-41 所示，选择完后单击"确定"按钮。

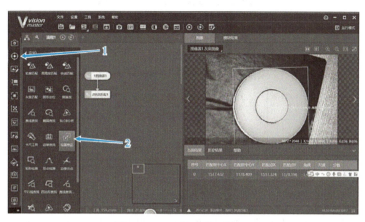

图 4-2-40　选择"位置修正"

图 4-2-41　"位置修正"参数设置

6. 创建模型

1）单击左下角"颜色处理"图标按钮，选择"颜色识别"，将其拖至右侧工作框，如图 4-2-42 所示；双击"3 位置修正 1"，选择"颜色模型"→"+"号创建，如图 4-2-43 所示。

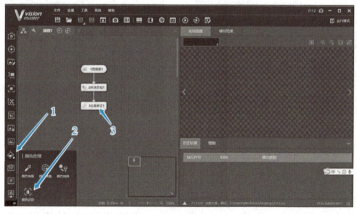

图 4-2-42　选择"颜色识别"

图 4-2-43 "颜色模型"创建

2）选择"圆形"工具，在捕捉到的图像上划定圆形范围，单击"+"号创建标签，单击"确定"按钮，如图 4-2-44 所示。

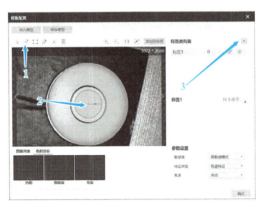

图 4-2-44 创建标签

7. 模型判断

单击左下角"逻辑工具"图标按钮，选择"条件检测"，将其拖至右侧工作框，如图 4-2-45 所示。双击"5 条件检测 1"、判断方式选择"全部"单击"创建条件加号"，选择"4 颜色识别1 模块状态"；有效值范围选择"0.600–1000.000"，单击"确定"按钮，如图 4-2-46 所示。

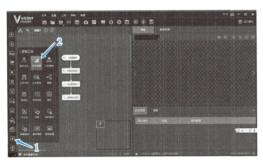

图 4-2-45 选择"条件检测"

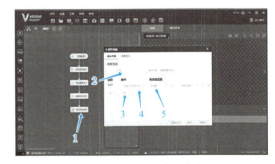

图 4-2-46 设置检测参数

8. 发送数据

1）单击左下角"逻辑工具"图标按钮，选择"格式化"，将其拖至右侧工作框，如图 4-2-47 所示。单击"添加"、选择"文本"，输入要输出的数字符号，例如"1111"，单击

"确定"按钮，如图 4-2-48 所示。

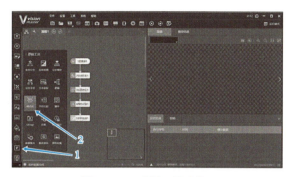

图 4-2-47 选择"格式化"

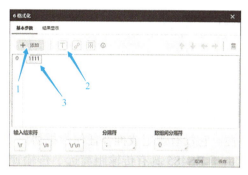

图 4-2-48 格式化参数设置

2）单击左下角"通信"图标按钮，选择"发送数据"，将其拖至右侧工作框，如图 4-2-49 所示。单击上方"通信管理"按钮，单击"+"号创建设备列表，"目标 IP"输入"192.168.137.1"，"目标端口"选择"777"，单击"确定"按钮，如图 4-2-50 所示。

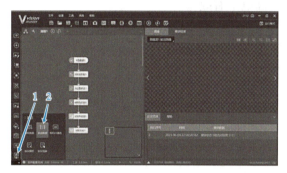

图 4-2-49 选择"发送数据"

图 4-2-50 IP 地址参数设置

3）双击"7 发送数据 1"，输出配置勾选"通信设备"，"通信设备"选择"1 TCP 客户端"，单击"确定"按钮，如图 4-2-51 所示。至此，配置已完成，程序逻辑框图如图 4-2-52 所示。

图 4-2-51 发送数据输出配置

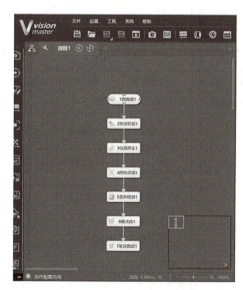

图 4-2-52 程序逻辑框图

拓展阅读

RS485 通信（半双工）介绍

RS485 是 2 线、半双工、多点通信的标准，如图 4-2-53a 所示。它的电气特性和 RS232 大不一样，用缆线两端的电压差值来表示传递信号。RS485 仅仅规定了接收端和发送端的电气特性。它没有规定或推荐任何数据协议。

由于 RS485 具有传输距离远、传输速度快、支持节点多和抗干扰能力更强等特点，所以 RS485 有很广泛的应用。

微型视觉控制器采用 SP3485 作为收发器，该芯片支持 3.3V 供电，最大传输速度可达 10Mbit/s，支持多达 32 个节点，并且有输出短路保护。该芯片的框图如图 4-2-53b 所示，图中 A、B 总线接口，用于连接 RS485 总线。RO 是接收输出端，DI 是发送数据收入端，$\overline{RE}$ 是接收使能信号（低电平有效），DE 是发送使能信号（高电平有效）。

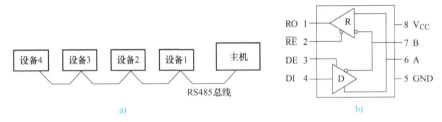

图 4-2-53　RS485 连接

任务评价

1. 请对本任务所学工业视觉系统的概述、组成等知识的熟悉情况等进行评价。
2. 请总结、归纳本任务学习的过程，分享、交流学习体会。
3. 填写任务评价表（见表 4-2-4）。

表 4-2-4　任务评价表

班级		学号		姓名		
任务名称	（4-2）任务二　工业视觉系统的认知及应用					
评价项目	评价内容	评价标准	配分	自评	组评	师评
知识点学习	工业视觉系统的发展进程	能够简单叙述工业视觉系统的发展进程	5			
	工业视觉系统的组成模块以及模块的功能	能够正确叙述哪些模块组成系统，并能与同学分享	5			
	工业视觉系统的功能及应用场景	能够简单叙述不同的视觉系统应用场合	5			
	工业视觉系统组成结构	能够正确叙述视觉系统的构成要素分别有什么功能	5			
	工业视觉系统的硬件组成部分	能够正确叙述工业视觉系统的硬件组成	10			
	工业视觉系统的硬件部分的功能以及类型	能够正确叙述硬件部件的功能及不同类型的硬件特点	10			

（续）

评价项目	评价内容	评价标准	配分	自评	组评	师评
技能点训练	工业相机硬件系统的安装	能按照工业相机硬件系统的构成，正确安装工业视觉系统	10			
	工业视觉系统应用软件的配置	能按照步骤正确设置 MVS 软件	10			
	使用 MVS 软件，完成工件的检测功能	能按照设置步骤，完成工件的视觉检测功能	10			
思政点领会	践行工匠精神	正确理解工匠精神，践行工匠精神	10			
专业素养养成	安全文明操作	规范使用设备及工具	20			
	6S 管理	设备、仪表、工具摆放合理				
	团队协作能力	积极参与，团结协作				
	语言沟通表达能力	表达清晰，正确展示				
	责任心	态度端正，认真完成任务				
合计			100			
教师签名			日期			

总结提升

一、任务总结

1. 工业视觉的应用

1）机器视觉技术在电子半导体行业中的应用。

2）机器视觉技术在汽车制造业中的应用。

3）机器视觉技术在流水线生产中的应用。

2. 工业视觉的工作原理：按照现在人类科学的理解，人类视觉系统的感受部分是视网膜，它是一个三维采样系统。三维物体的可见部分通过晶状体投影到视网膜上，大脑按照投影到视网膜上的二维图像来对该物体进行三维理解，并做出思维判断或肢体动作指令。

3. 工业视觉系统的组成：一个典型的工业机器视觉应用系统包括光照系统、光学系统、图像捕捉系统、图像数字化模块、数字图像处理模块、智能判断决策模块和机械执行模块等。

4. 光源：照明的目的是将被测物体与背景尽量明显区分，以获得高品质、高对比度的图像。利用有效照明可以使被测特征对比度最大化。常用的照明形式有背光照明、环形照明、同轴光源、条形光源和圆顶光源。

5. 相机：工业相机也是由镜头和相机主机组成的。镜头是由一块或者多块光学玻璃或塑料组成的透镜组，用于收集光线，产生锐利的图像。相机主机的主要组件为图像传感器，能够将镜头收集到的光线转变为电信号。主要介绍了 CCD 图像传感器、焦距、光圈、快门和景深。

二、思考与练习

1. 填空题

（1）视觉光源有 5 种照明形式，分别为：_____、_____、_____、_____、_____。

（2）工业视觉系统由_____、_____、_____、_____、_____和_____组成。

（3）工业视觉系统的硬件部分中，光源模块的工作电压是_____V。

（4）工业视觉系统的硬件部分中，相机模块的工作电压是_____V。

2. 选择题

（1）RS485 通信协议是（   ）线制。

A. 2   B. 3   C. 4   D. 5

（2）用来控制相机镜头孔径大小的部件是（   ）。

A. 光源   B. 光圈   C. 快门   D. CCD 感光芯片

（3）下列不属于工业视觉系统硬件的是（   ）。

A. 光源   B. 相机   C. 电源   D. 被测物体

3. 简答题

（1）简述焦距的定义。

（2）光源系统的硬件有哪些组成部分？

（3）工业视觉系统有哪些应用场合？

（4）简述视觉模块判别物体颜色的步骤。

任务三   智能生产线管理系统的认知及应用

▶ 知识目标

1. 掌握 MES 的原理。

2. 理解相关系统参数的配置方法。

3. 了解网关在整个技术框架中的地位及作用，以及 Modbus RTU 的原理。

4. 理解手机 APP、PLC 与网关之间的联系。

▶ 能力目标

1. 能正确述说 MES 的工作原理。

2. 能熟练对 MES 进行操作控制。

3. 能正确对网关的相关参数进行配置。

4. 能根据任务要求，完成 MES 的参数设置，应用 MES 进行系统任务的操作。

▶ 素养目标

1. 培养学生认真细致、规范严谨的职业精神。

2. 培养学生的网络安全意识，安全规范操作的职业准则。

3. 培养学生团结协作的职业素养。

▶ 规范标准（国家标准、行业标准、JIS工艺标准等）

1. GB/T 39466.1—2020《ERP、MES 与控制系统之间软件互联互通接口   第 1 部分：通用要求》

2. GB/T 38624.1 ～ 3—2020 ～ 2024《物联网   网关》

3. JIS B3601—2004《工业自动化系统—制造信息规范—协议规范》

▶▶ 学习情境

随着制造企业信息化应用的不断深入，MES 的需求越来越广泛，中国企业为提升企业核心竞争力，MES 越来越为市场所关注。

对于制造企业而言，上层生产计划部门面对市场的变化，客户对交货期的苛刻要求，产品的不断改型，订单的不断调整，明显感到计划跟不上变化，企业越来越需要车间执行层面更好地推进生产计划，反馈生产状态信息，提高作业效率。因此，如何建立和运行车间层的管理信息系统——制造执行系统（Manufacturing Execution System，MES）就成了许多企业关心的目标。

如图 4-3-1 所示，MES 彻底改善了企业车间生产管理流程，实现车间管理无盲点，生产管控一体化的新模式。它通过集中监控从物料投产至成品入库全生产过程，采集生产过程中发生的所有事件，并对物料消耗、设备监控、产品检测进行管控，通过不同的项目看板实时呈现给企业管理者及一线操作人员，让整个车间现场完全透明化。

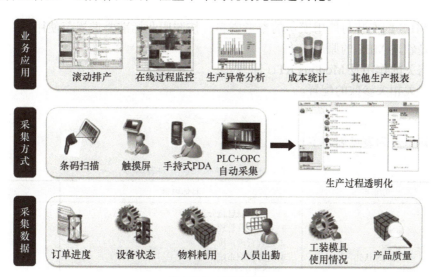

图 4-3-1　MES 优势

MES 能够让车间管理人员、企业管理者、决策者第一时间掌握车间生产现场的状况和需求，因此能够快速做出反应，对出现的问题也能及时纠正解决；MES 通过实时、准确、全面的信息，确保管理者能够做出快速、高质量的管理决策，提高生产效率和减少质量损失。

▶▶ 素养提升

智能引领中国企业未来

智能工厂是利用各种现代化的技术，实现工厂的办公、管理及生产自动化，达到加强及规范企业管理、减少工作失误、堵塞各种漏洞、提高工作效率、进行安全生产、提供决策参考、加强外界联系、拓宽国际市场的目的。智能工厂实现了人与机器的相互协调合作，其本质是人机交互。由于劳动力成本迅速攀升，产能过剩，竞争激烈，客户个性化需求日益增长，我国制造企业面临着巨大的转型压力。

我国是制造大国，为提升国际市场竞争力，我国政府正在大力推动制造业转型升级，"中国制造2025"等战略及政策陆续推出。受大数据、物联网、人工智能等新一代信息技术快速发展的推动，我国智能工厂市场进入快速发展阶段。

工厂智能化已成为不可逆的发展趋势，智能控制引爆 MES，以 MES 为核心，智能工厂、数字车间、智能制造等核心应用需求的爆发，将加快中国企业走向走进国际市场，科技引领未来。

获取信息

子任务一　智能生产线系统的管理形式

※ 任务描述

通过查阅 MES 的认知资料，了解 MES 的原理、基本知识及功能。以仿真模拟 MES 为载体，了解网关的作用及 Modbus RTU 原理，熟悉手机 APP、PLC 与网关之间的联系，查阅参考资料，规范使用系统及相关操作模块，掌握网关相关参数的配置。

※ 任务目标

1. 了解什么是 MES 及 MES 的功能。
2. 查阅 MES 的安装与使用模块的参考资料，按照职业标准要求规范使用。
3. 能正确叙述 MES 的原理。
4. 了解网关的作用及 Modbus RTU 原理。
5. 掌握网关相关参数的配置。

※ 知识点

本任务知识点列表见表 4-3-1。

表 4-3-1　本任务知识点列表

序号	知识点	具体内容	知识点索引
1	MES 认知	一、企业信息化分工 1. 企业经营管理系统 2. 过程管理系统 3. 过程控制系统 二、MES 概述 1. 制造企业面临的生产问题 2. MES 的功能	新知识
2	物联网网关认知	一、物联网 1. 物联网的概念 2. 物联网中数据源的类型 3. 物联网的应用 二、物联网网关 1. 物联网网关的概念 2. 物联网网关的作用 三、物联网智能网关的特点	新知识

知识活页一　MES 认知

◆ 问题引导

1. MES 是什么？ MES 有哪些功能？
2. 试简单叙述 MES 的作用。
3. MES 可以实现哪些远程操作控制？

◆ 知识学习

一、企业信息化分工

依据信息化管理目标不同，企业信息化系统的内容差异较大，一般地，企业信息化系统由企业经营管理系统、过程管理系统、过程控制系统三个主要层次组成，各层次中包含有用途各异、功能各异的业务处理子系统或功能组件。图 4-3-2 所示为企业信息化分工图。

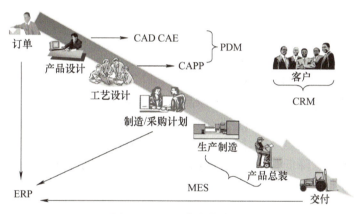

图 4-3-2　企业信息化分工图

1. 企业经营管理系统

企业经营管理系统是面向"供需链"的管理和优化。通过对"人流、物流、资金流"的整合，以财务控制为核心，实现企业业务的协同和增值。内容包括企业资源规划（ERP）管理系统、客户关系管理（CRM）系统、供应链管理（SCM）系统、高级计划系统（APS）、在线联机分析处理（OLAP）系统、业务信息智能（BI）系统、电子商务（B2C/B2B）等。

2. 过程管理系统

过程管理系统是面向生产制造平台的管理和优化。以对过程任务分配、业绩进行监视、统计、跟踪和分析等手段，实现过程的持续改进；是数据采集、效率评估、历史数据分析、物料跟踪、质量跟踪与分析、设备管理、计划分解等业务子系统或功能组件。

3. 过程控制系统

过程控制系统是面向企业生产工艺和动作过程的控制，以供给工艺调节和逻辑控制为手段，保证过程输出达到预期的目标。内容包括过程控制系统、顺序控制系统、传动控制等自动化系统或装置。

二、MES 概述

制造执行系统（Manufacturing Execution System，MES）是一套面向制造企业车间执行层的生产信息化管理系统。MES 是全面整合制造资源、全方位管理生产进度、质量、设备和人员绩效的制造业生产管理思想和管理工具，如图 4-3-3 所示。

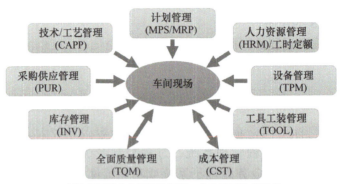

制造现场是企业管理的枢纽，各种矛盾的交汇点

图 4-3-3 MES

1. 制造企业面临的生产问题

广大制造企业面临剧烈的市场竞争：原材料大幅的涨价、产品的同质化、消费者的品质意识越来越强、客户又给工厂巨大的降价压力等。

我国制造业信息化系统的应用，由于产品行销在这一二十年间从生产导向快速地演变成市场导向、竞争导向，因而也对制造企业生产现场的管理和组织提出了挑战。

企业关心的三个问题是"生产什么？生产多少？如何生产？"制造企业通过 ERP 等信息化项目来提升管理水平、降低管理成本，但 ERP 只能回答前两个问题。可以生产什么，在什么时间生产什么，在什么时间已生产什么，质量如何，效益如何等问题，则由生产现场的过程控制系统"掌握"。

对于"计划"如何下达到"生产"环节，生产过程中变化因素如何快速反映给"计划"，在计划与生产之间需要有一个"实时的信息通道"，MES 就是计划与生产之间承上启下的"信息枢纽"。只有在 MES 提供了详尽的生产状况反馈后，ERP 才能有效地运作计划的职能。

国外知名企业应用 MES 已经成为普遍现象，国内许多企业也逐渐开始采用这项技术来增强自身的核心竞争力。

MES 的定位是处于计划层和现场自动化系统之间的执行层，主要负责车间生产管理和调度执行。一个设计良好的 MES 可以在统一平台上集成诸如生产调度、产品跟踪、质量控制、设备故障分析、网络报表等管理功能，使用统一的数据库和通过网络连接可以同时为生产部门、质检部门、工艺部门、物流部门等提供车间管理信息服务。

2. MES 的功能

工厂制造执行系统（MES）是近 10 年来在国际上迅速发展、面向车间层的生产管理技术与实时信息系统。MES 可以为企业提供包括制造数据管理、计划排产管理、生产调度管理、库存管理、质量管理、人力资源管理、工作中心/设备管理、工具工装管理、采购管理、成本管理、项目看板管理、生产过程控制、底层数据集成分析、上层数据集成分解等管理模块，为企业打造一个扎实、可靠、可行的制造协同管理平台，极大地提高了企业制造执行能力。

知识活页二　物联网网关认知

◆ **问题引导**

1. 什么是物联网？
2. 什么是物联网网关？
3. 网关的作用是什么？

◆ **知识学习**

　　当今的信息技术如此依赖于人产生的信息，以至于我们的计算机更了解思想而不是物质。如果计算机能不借助我们的帮助，就获知物质世界中各种可以被获取的信息，我们将能够跟踪和计量那些物质，极大地减少浪费、损失和消耗。我们将知晓物品何时需要更换、维修或召回，它们是新的还是过了有效期。物联网有改变世界的潜能，就像互联网一样，甚至更多。随着信息技术的发展，我国正进入以物联网为基础的技术革命阶段，如图 4-3-4 所示。

图 4-3-4　物联网应用

一、物联网

1. 物联网的概念

　　物联网是新一代信息技术的重要组成部分，物联网（Internet of Things，IoT）即"万物相连的互联网"，是互联网基础上的延伸和扩展的网络，是依托互联网技术、现代传感技术等，将空间中的设备、系统、传感器数据打通，实现人与物、物与物的连接。

2. 物联网中数据源的类型

　　物联网中的数据源有以下分类（包括但不限于）：

　　1）传感器类型：按照数据类型分类为模拟量传感器和状态量传感器。

　　2）智能终端设备：例如，手机、机器人等智能设备。智能终端的感知方式是通过内置的传感器、摄像头等方式感知的。

　　3）既有系统：既有的数据采集系统，已布置多个传感器测点，且已将这些测点数据采集到系统中。

　　4）视频：可见光、红外、夜视（数字摄像头容易接入，获取视频 IP 地址配置视频流即可，模拟摄像头的接入需经过信号的换算等流程）。

3. 物联网的应用

　　物联网的应用领域涉及方方面面，在工业、农业、环境、交通、物流、安保等基础设施领域的应用，有效地推动了这些方面的智能化发展，使得有限的资源更加合理地使用分配，从而提高了行业效率、效益。在家居、医疗健康、教育、金融与服务业、旅游业等与生活息息相关的领域应用，从服务范围、服务方式到服务的质量等方面都有了极大的改进，大大地提高了人们的生活质量；在涉及国防军事领域方面，虽然还处在研究探索阶段，但物联网应用带来的影响也不可小觑，大到卫星、导弹、飞机、潜艇等装备系统，小到单兵作战装备，物联网技术的嵌入有效提升了军事智能化、信息化、精准化，极大提升了军事战斗力，是未来军事变革的关键。

二、物联网网关

1. 物联网网关的概念

网关（Gateway）又称网间连接器、协议转换器。网关的结构也和路由器类似，不同的是互连层。网关可以是有线网关，也可以是无线网关，如图 4-3-5 所示。

在 Internet 中，网关是一种连接内部网与 Internet 上其他网的中间设备，也称"路由器"，而在物联网的体系架构中，在感知层和网络层两个不同的网络之间需要一个中间设备，那就是"物联网网关"，图 4-3-6 所示为物联网架构图。

a) 有线网关   b) 无线网关

图 4-3-5　网关

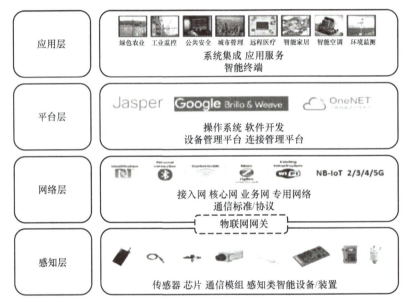

图 4-3-6　物联网架构图

相比于互联网时代，物联网的通信协议更加多样，"物"的碎片化非常严重，网关的重要性也就由此凸显。物联网网关能够把不同的物收集到的信息整合起来，并且把它传输到下一层，因而信息才能在各部分之间相互传输。物联网网关可以实现感知网络与通信网络，以及不同类型感知网络之间的协议转换；既可以实现广域互联，也可以实现局域互联。

比如电视机、洗衣机、空调、冰箱等家电设备；门禁、烟雾探测器、摄像头等安防设备；台灯、吊灯、电动窗帘等采光照明设备等，通过集成特定的通信模块，分别构成各自的自组网子系统。而在家庭物联网网关设备内部，集成了几套常用自组网通信协议，能够同时与使用不同协议的设备或子系统进行通信。用户只需对网关进行操作，便可以控制家里所有连接到网关的智能设备。

网关在系统里面起着很重要的核心作用，网关有以下几种形态。

1）无线转无线：WiFi 转 433MHz、红外、ZigBee（家庭常见）。

2）GPRS（2G、3G、4G）转 433MHz、红外、ZigBee（工业常见）。

3）无线转有线：WiFi 转 RS485、RS232、CAN（工业居多）。

4）有线转无线：以太网转 433MHz、红外、ZigBee（家庭常见）。

5）有线转有线：以太网转 RS485、RS232、CAN（工业居多）。

2.物联网网关的作用

物联网网关是物联网生态圈中不可或缺的一部分，网关掌控着和本地传感器的沟通，以及远程用户的使用。物联网的组成机构非常复杂，拥有众多组件和级层，比如在底层会出现大量的传感器和硬件，而网关在其中扮演着中介的作用。网关允许使用者在远程用户、硬件以及应用程序间有效地搜集数据、安全地传输数据。物联网网关的价值相当重要，但更重要的是学会使用网关。

三、物联网智能网关的特点

（1）支持远程更新维护

例如，Ruff 的物联网智能网关可随时根据软件的升级，添加支持协议，对外提供基于 JavaScript 语言的开发接口，只需下载相应的配置应用即完成对硬件产品功能的修改。在网关使用过程中出现了问题，也无须去现场维修，只需利用 Ruff Explorer 远程管理工具在软件层面进行修改即可，从远端提前发现和解决隐患，使维护更智能，设备运行更稳定可靠。

（2）现代物联网智能网关也具有超强的兼容性

采用即插即用的设计理念，兼容主流厂商的设备和协议，提供协议的下载和二次开发接口使得兼容变得更加容易。由于是在软件层面控制硬件网关，这样工厂在转型过程中就不需要花费大成本替换适配网关的设备，简单修改软件逻辑即可。图 4-3-7 所示为现代智能工厂物联网发展趋势。

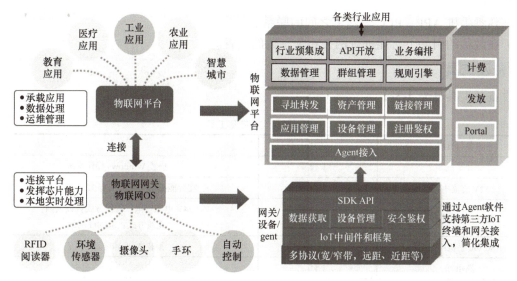

图 4-3-7　现代智能工厂物联网发展趋势——平台侧和终端侧

四、云服务的数据流管理

云服务管理的数据流管理，主要是用于配置网关和 APP 的数据交互及其对应关系，网关的数据上云，APP 通过云平台获取网关的数据，进而与网关进行数据交互。在数据流管理中，我们可以自行创建自己做需要管理的某项功能。数据流管理的数据会被网关推送到云服务，再推送给 APP。

任务实施

子任务二　MES 及网关系统的调试

※ 任务描述

通过本次任务，熟悉 MES 软件的使用，掌握相关系统参数的配置，能熟练对 MES 进行操作控制；可以实现远程预选工件材料，远程下单，远程启动生产，远程实时查看订单情况，通过视频监控，可远程监查产品生产情况。

了解网关在整个技术框架中的地位及作用，熟悉 APP、PLC 与网关之间的联系，了解网关界面配置的 Modbus RTU 相关原理，能进行网关参数和数据的配置，包括网络配置、RS485 设置和数据流管理等；能系统地了解网关的总体原理以及配置，为后续的学习夯实基础。

※ 任务目标

1. 掌握 MES 的原理。
2. 能掌握相关系统参数的配置。
3. 能熟练对 MES 进行操作控制。
4. 了解网关的作用及 Modbus RTU 原理。
5. 熟悉手机 APP、PLC 与网关之间的联系。
6. 在教师的引导下，能进行网关相关参数的配置。

※ 设备及工具

设备及工具见表 4-3-2。

表 4-3-2　设备及工具

设备与材料	数量	备注
计算机	1 台	预装 Windows 操作系统
12V 直流电源	1 台	在智能控制实训台上有 12V 直流电源
物联网智能网关	1 台	24V 电源供电，有线方式：以太网； 无线方式：3G/4G 网络
Android 手机或平台	1 台	预装 Android 操作系统
路由器	1 台	
网线	1 条	
4G 卡	1 个	
RS485 线	1 组	连接 PLC 与网关

软件环境见表 4-3-3。

表 4-3-3　软件环境

软件	备注
HTML5 Web MES	网页版本 MES
MES APK	MES 系统安装包
Google 浏览器	

实训活页一　MES 的调试

1. 整体技术分析

MES 可在手机、平板电脑、计算机上安装运行。MES 是由 HTML5 界面制作而成，通过 ID、KEY（接入智云物联需要 ID、KEY 认证）接入智云物联云平台，而网关也通过 ID、KEY 接入智云物联云平台。

MES 进行操作控制，可以实现远程预选工件材料，远程下单，远程启动生产，远程实时查看订单情况，通过视频监控，可远程监查产品生产情况，如图 4-3-8 所示。

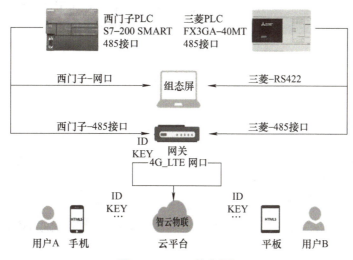

图 4-3-8　MES 技术框架

MES 由 HTML5 制作而成，Web 组成如图 4-3-9 所示。

图 4-3-9　Web 组成

将 HTML5 打包成 Android APK，手机或平板电脑安装 MES APP，如图 4-3-10 所示。

图 4-3-10　Android 组成

2. MES 参数配置

单击"设置",进入参数配置界面。

1）ID、KEY：ID、KEY 是接入智云物联的凭证，每一个终端对应一个网关的 ID、KEY，也就是说，填写的 ID、KEY 需要与网关的 ID、KEY 相同，如图 4-3-11 所示。

2）SERVER：填写 api.zhiyun360.com，这是智云服务器地址，默认填写该地址，如图 4-3-11 所示。

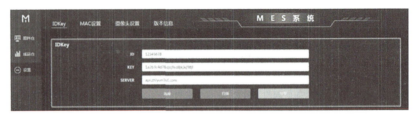
图 4-3-11　ID、KEY 和 SERVER

填写之后，单击"连接"按钮，若 ID、KEY 正确，若连接成功，"连接"二字则显示为"断开"，如图 4-3-12 所示。

图 4-3-12　"连接"与"断开"

单击"分享"按钮，可以将 ID、KEY 以二维码的方式进行分享，可通过单击"扫描"对二维码进行扫描，从而获取 ID、KEY，自动填入。分享界面如图 4-3-13 所示。

图 4-3-13　"分享"界面

3）MAC 设置：MAC 地址填写对应网关的 MAC 地址，具体可在网关后台登录界面的"数据流管理"页面查看到，如图 4-3-14、图 4-3-15 所示。

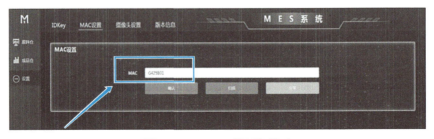
图 4-3-14　"MAC 设置"界面

图 4-3-15　网关"数据流管理"页面

4）摄像头设置：填写摄像头的地址、端口号、用户名、密码，如图 4-3-16 所示。

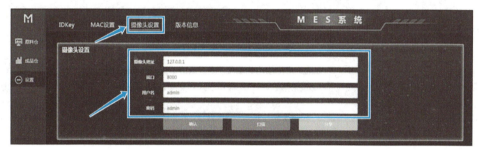

图 4-3-16　摄像头设置

5）版本信息：当有版本更新时，单击"版本升级"按钮即可。还可单击"查看升级日志"来查看版本升级的记录，如图 4-3-17 所示。单击右侧下载图标，会弹出一个二维码，扫描即可下载应用程序。

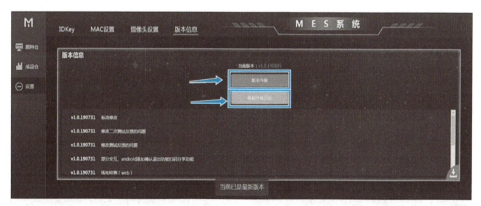

图 4-3-17　版本信息

3.界面介绍及操作

（1）触摸屏远程模式

使用应用程序控制前，需在触摸屏点击"远程控制"，如图 4-3-18 所示，否则应用程序不可远程控制硬件设备。

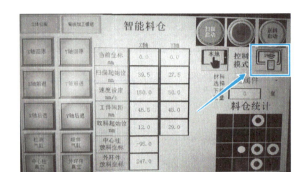

图 4-3-18　触摸屏远程模式

（2）配置参数

对 MES 进行参数配置，填写正确的 ID、KEY、MAC 以及摄像头等参数，如图 4-3-19 所示。

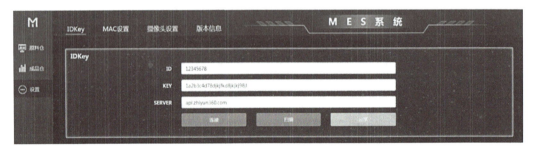

图 4-3-19　配置参数

（3）扫描工件

在"设置"中将参数配置之后，单击"原料仓"，进入该界面。单击"扫描"按钮，对料盘的工件进行扫描，当扫描完之后，界面的"材料库"会显示扫描结果，如图 4-3-20 所示。

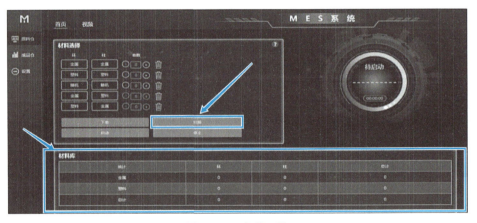

图 4-3-20　扫描工件

（4）下单生产

根据自身需求，进行材料选择，预订生产的套数。材料的选择需要基于材料库，也就是说，材料选择不可以超过材料库的工件数量，否则出现"已超过材料库可选材料"提示。然后单击"下单"按钮确定下单生产，再单击"启动"按钮开始生产，右侧则会显示运行状态，如图 4-3-21 所示。

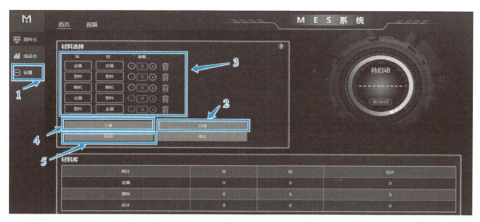

图 4-3-21 下单生产

（5）视频监控

在"设置"中正确填写参数后，单击图 4-3-22 所示图标，即可远程监控。

图 4-3-22 视频监控

（6）成品仓

支持在成品仓界面（见图 4-3-23）查看历史订单详情，以便了解生产情况。

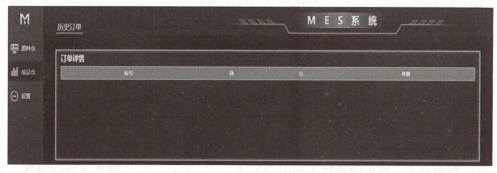

图 4-3-23 成品仓

实训活页二　物联网网关的系统配置及调试

1. 认识物联网网关

（1）物联网网关的接口（见表4-3-4）

表 4-3-4　物联网网关的接口功能描述

编号	描述	功能
1	电源接口	外电输入，经由板载直流稳压模块转化为系统所需电压（外电 DC 24V 输入）
2	网口	局域网端口插孔，该端口用来连接局域网中的交换机或者计算机
3	RS485 通信接口	用于与传感器或被控设备间的有线通信
4	数据回传接口	接入 4G 天线，它是一种高性能的全向天线，符合通用标准。同时具有耐腐蚀、抗振动等特点，可将信息进行回传
5	继电器接口	用于控制被控设备
6	数字量输入接口	用于接收数字量输入
7	SIM 卡插槽	支持 3G/4G 卡

（2）技术参数（见表4-3-5）

表 4-3-5　网关技术参数表

供电电压	DC 12V/AC 220V
平均功耗	<10W
数据回传通信方式	以太网，4G
数据采集	RS485
通信速率	4800 ～ 115200bit/s
工作环境温度	–20 ～ 70℃
工作环境湿度	≤70%RH
外形尺寸	150mm × 100mm × 70mm
产品重量	0.5kg

（3）功能特点

1）Cortex-A8 高性能处理器，DC 12V/AC 220V 供电。

2）接入丰富的传感器类型，兼顾各种环境中的每个要素。

3）具有长期演进技术（LTE）以及以太网传输技术可供选择，灵活应对各种应用场景。

4）具有 Web 功能的远程/本地浏览器访问，通过浏览网页实现对网关和无线传感器的管理，同时可以查看无线网络中的节点信息。

5）支持多客户端并发访问，可查看实时数据和历史数据；内置无线接收模块，传输距离远，一个网关可接入多个节点。

6）屏幕上有 34 个指示灯，明确指示系统工作状态。

2. 使用说明

（1）产品接线与安装

取出物联网网关，根据需求接入相应的天线，插入网线，使得网关连接到网络，取出电源线，将电源线通过电源接口连接到网关内部板载直流稳压电源模块（外电电压 DC 24V），接通电源。

（2）TCP/IP 配置

初次使用物联网网关时，首先按要求接入电源、网线（连至交换机/路由器）、天线等，确认无误后开始通电，通电后，在观察窗上查看网关 IP 地址，再在浏览器访问，如果交换机/路由器没有开通 DHCP（动态主机配置协议）服务的话，网关默认 IP 为 192.0.0.1，此时需要将计算机 IP 配置为与网关同一 IP，使计算机与网关处于同一网段才能访问物联网网关系统，否则将不能访问。

（3）网关工作参数配置

网关所有的参数配置都是通过访问网关内置的网页来完成配置的；配置完成后即可使用，网关将会按照用户配置的信息工作。

1）启动与登录。当网关连入网络后，打开浏览器开始访问网页服务器，进入如图 4-3-24 所示的登录界面，在登录界面中输入用户名以及密码（默认用户名：admin，密码：zonesion），然后单击"登录"按钮。

图 4-3-24　登录界面

登录后进入系统界面，如图 4-3-25 所示，在左侧菜单栏，有如下几大菜单：系统状态、传感器管理、云服务管理、网络设置、系统管理、关于我们。

图 4-3-25　系统界面

2）本地服务配置。进入系统后，开始配置网关的相关信息，使之可以正常运行。

① 配置网关接入方式。物联网网关的入网方式有三种：以太网连接网络（有线）、WiFi 连接网络（短距离无线）、3G/4G 连接网络（无线），用户可根据实际情况来选择合理的入网方式。

② 以太网配置：单击"网络设置"→"以太网配置"，如图 4-3-26 所示，以太网有两种 IP 获取，分别是 DHCP 与静态 IP，此时我们将选中 DHCP 类型，网关将自动获取 IP。

图 4-3-26　以太网配置界面

③ WiFi：网关支持 WiFi 功能，需要配置一张无线 WiFi 通信卡，插入网关后便可使用 WiFi 功能。

进入网关系统界面之后，单击"网络设置"→"WiFi 配置"，进入配置页面，如图 4-3-27 所示，使 WiFi 处于开启状态，单击"扫描"按钮，将会搜索到附近可用的 WiFi 网络；选择要接入的 WiFi 接入点，输入接入点密钥之后单击"提交"按钮，将自动连接上 WiFi。

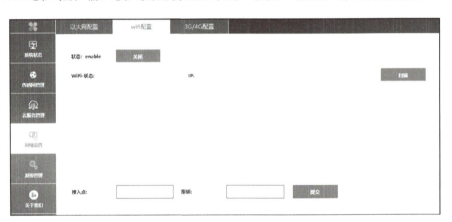

图 4-3-27　WiFi 配置

④ 3G/4G：网关同时还支持 3G/4G 无线入网方式，使用上网卡需要按照如下步骤配置。

进入网关系统界面后，单击"网络设置"→"3G/4G 配置"，进入配置页面，如图 4-3-28 所示，单击"状态"栏处按钮，使之处于开启（disable）状态，重启网关，当网卡正常工作后，可看到网卡的连接状态机 IP 地址。

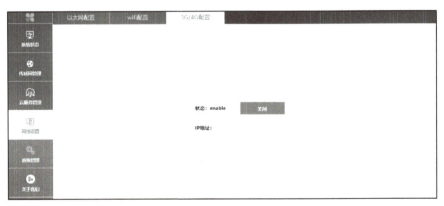

图 4-3-28　3G/4G 配置

⑤ 系统时间校正以及密码修改。

时间校正：登录后，即可校正系统时间，单击"系统管理"→"系统时间"，此时系统将同步新时间，如图 4-3-29 所示。

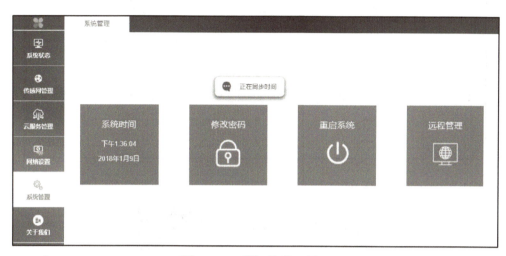

图 4-3-29　系统时间校正界面

密码修改：在该界面中，还可以修改系统登录密码，单击"系统管理"→"修改密码"，将出现如图 4-3-30 所示界面。

图 4-3-30　密码修改界面

输入用户名、原密码、新密码之后单击"保存"按钮，重启网关系统后，密码将被修改。

（4）传感网管理

传感网管理主要是用来管理网关与硬件设备之间的数据交互。传感网管理下，有"无线设置""RS485 设置""节点管理"三个功能项。由于网关未带无线模块，所以功能"无线设置"无效，但是被保留，用户无须去管理它。

1）RS485 设置：RS485 设置主要是用于配置网关和 RS485 设备（如 PLC）相关地址 / 参数等的映射关系，让网关和 PLC 进行数据交互。

2）主机列表：在网关中，带有标准的 Modbus RTU 主站协议，硬件上有两路 RS485 接口，"RS485 设置"下的主机 ID 的 1 和 2，即通道 1 和 2，如图 4-3-31 所示。图 4-3-32 为网关硬件 RS485 接口，两路 V、A、B、7G。当前为通道 1。

图 4-3-31　设置界面

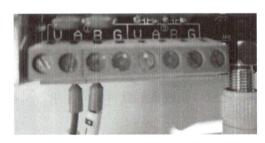

图 4-3-32　网关硬件 RS485 接口

3）设备模板：设备模板是用来建立一个设备项目模板，集中统一管理硬件与网关之间的数据收发。在"名称"右边的文本框输入需要添加的设备模板的名称，即可生成一个设备模板，如图 4-3-33 所示。

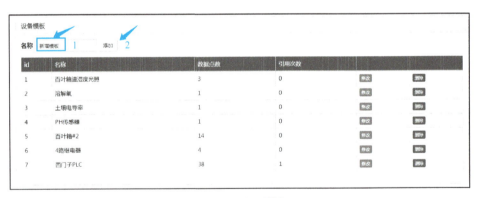

图 4-3-33　新增模板

此处添加一个名为"新增模板"的设备模板，对应设备模板 id 为 8。添加、保存、刷新界面（或者按 <F5> 键），如图 4-3-34 所示。当前数据点为 0。

注意：网关出厂默认有 7 个设备模板，不要删除现有的模板，因为当每个模板生成后，都会有一个唯一的 id 号（比如 id 为 7），如果删除 id 为 7 的模板，则 7 即被消耗，再建立下一个模板时，id 会自动变成 8，而不会是 7。id 被消耗，无法复原，但不影响下一个 id 的添加和使用。

新增模板之后，需要创建数据点，单击"添加"按钮，填写名称，传感器类型选择 DC（Data Collection，数据采集），一般我们只用到 DC 类型，传感器类型代码和意义见表 4-3-6。

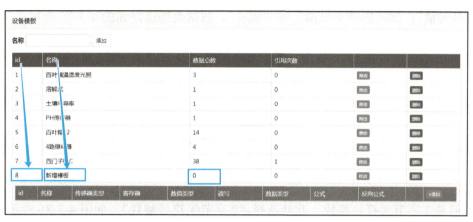

图 4-3-34　id 对应一个模板

表 4-3-6　传感器类型代码和意义

代码	意义	代码	意义	代码	意义	代码	意义
WS	风速	LW	页面湿度	OR	水 ORP	EM	流量计
WD	风向	PA	光合有效辐射	DO	水体溶解氧	DT	距离
RA	雨量	ST	土壤温度	FT	水体浊度	AC	加速度
RS	雨雪	SW	土壤水分	SL	水体污泥浓度	HM	人体红外
UV	紫外线	SP	土壤 pH	WE	水体电导率	ME	金属检测
OX	氧气	SN	土壤硝酸根离子类	WN	水体氨氮	FR	饲料余量
OZ	臭氧	SM	土壤金属类	CO	在线式 COD	PR	接近开关
GR	总辐射	CU	土壤铜离子	NE	水体亚硝酸盐	WG	水压
LX	光照度	PB	土壤铅离子	NN	水体亚硝酸盐氮	CM	一氧化碳
AT	空气温度	GE	土壤镉离子	CL	氯离子	SO	二氧化硫
AW	空气湿度	GA	土壤钙离子	NA	钠离子	ND	二氧化氮
CD	二氧化碳	AM	土壤铵离子	CH	水体叶绿素 A	DC	数据采集模块
NO	噪声	SE	土壤盐度（电导率）	WA	水体蓝绿藻类	GT	黑球温度
AP	大气压力	WT	水温	HS	H_2S 传感器	BE	苯
PS	$PM_{2.5}$ 传感器	WL	液位	NH	氨气传感器	MB	甲苯
PT	PM_{10} 传感器	WP	水 pH	EA	蒸发	FO	甲醛

寄存器地址填写对应485设备所映射的寄存器地址，如此处的为1。数值类型可选"数值量"或"开关量"，读写选择"只读"或"读写"，数据类型选择如图4-3-35所示。

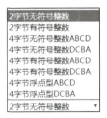

图4-3-35　数据类型选择

常用的是2字节无符号整数，此处选择"2字节无符号整数"，如图4-3-36所示。公式和反向公式相对较少用到，比如公式填写%s/10.0，%s代表的是读取数据，即读取数据除以10。而对于反向公式，正向代表从下位机到上位机，反向代表从上位机到下位机。如此数据点就创建好了。

图4-3-36　创建数据点

注意： 网关的数值类型（数值量/开关量）和读写（只读/读写）两者结合就是所谓的功能码。若选择数值量，读写权限，则相当于操作保持寄存器，保持寄存器地址为0x40001～0xXXXXX，由于Modbus协议中寄存器地址从1开始，而实际存储中地址从0开始，所以，保持寄存器地址为0x40001，则对应数据点的寄存器地址编号为0，以此类推。

根据Modbus RTU协议帧，数据点可创建的数据点个数范围为0000～FFFF，即65536个（比如01 03 00 00 00 01 84 0A，第三、第四这两个字节代表地址，两个字节最大可表示范围都可以用来定义地址，即00 00代表地址0x40001，则地址范围为0000～FFFF）。

离散量输入　→　开关量，只读
线圈状态　→　开关量，读写
输入寄存器　→　数值量，只读
保持寄存器　→　数值量，读写

当创建了模板，增加了数据点后，下一步就需要将模板绑定至主机上，即通过RS485通道1或者2去获取RS485设备的数据。单击"添加"按钮，自定义设备名称，地址写设备的地址，设备模板填写设备的模板id，轮询时间以秒为单位，每隔x秒去从设备中取一次数据，如图4-3-37所示。

当添加完了之后，刷新界面。可以看到当模板下的数据点，每隔5s取一次数据，可手动单击"读取"按钮来读取RS485设备数据，也可从网关"写入"数据到RS485设备，如图4-3-38所示。常利用该功能测试网关与RS485设备的连接以及数据通信。

（5）云服务管理

1）智云配置。智云配置是一种云服务，如图4-3-39所示，当输入应用ID以及应用KEY（此ID、KEY初始为空）之后单击"保存"按钮，节点上传到网关的数据将会保存到云服务，方便用户以后查看历史记录。

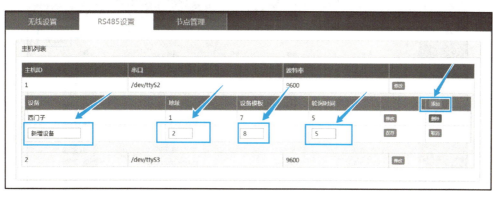

图 4-3-37 模板绑定至主机设备（一）

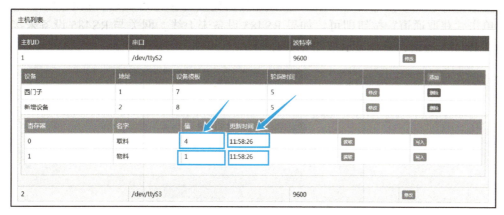

图 4-3-38 模板绑定至主机设备（二）

图 4-3-39 智云配置

2）数据流管理。主要是用于配置网关和应用程序的数据交互及其对应关系，网关的数据上云，应用程序通过云平台获取网关的数据，进而与网关进行数据交互。在数据流管理中，我们可以自行创建自己做需要管理的某项功能。

数据流管理的数据会被网关推送到云服务，再推送给应用程序。单击"云服务管理"→"数据流管理"，单击"创建"按钮，如图 4-3-40 所示。

图 4-3-40　数据流管理

自定义名称，此处为"新增数据流"。数据流需要通过 RS485 通道去获取数据，通道不必填写，单击"获取通道"按钮即可。如果 RS485 设备未上线，网关与 RS485 设备未接线，将获取不到 RS485 通道，只会显示如图 4-3-41 所示。

图 4-3-41　新增数据流

将 RS485 设备与网关接线后，上线后，再次单击"获取通道"按钮，出现了两个通道，RS485/1/2/8/DC/1 和 RS485/1/2/8/DC/2，其意为 RS485 通道 /RS485 设备地址 / 设备模板 ID/ 传感类型 / 数据索引，这两个通道将会从之前创建的数据流中取数据。此处在下拉列表中选择 RS485/1/2/8/DC/1，如图 4-3-42 所示。

图 4-3-42　获取通道

根据用户需求：自行定义数据流"单位"，勾选"可读""可写"，开关量选择"是"或者"否"，填写上限值和下限值。此处单位为空，勾选可读可写，开关量选择"否"，即数值量，上限值和下限值为空，如图 4-3-43 所示。

关于枚举，是用来约束数值量取值范围，也就是说，通过该通道从 RS485 设备中获取的数据，只能是枚举下的其中一个值。根据用户需求，创建枚举值，填写枚举值代表的意义，如图 4-3-43 所示。

图 4-3-43　创建枚举值

单击"确定"按钮，会自动生成一个数据流 id，该 id 主要与应用程序相关，如图 4-3-44 所示。

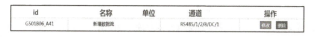

图 4-3-44　生成一个数据流 id

3）实时数据流。在实时数据流界面中，可以看到创建的"新增数据流"的数值大小以及更新时间，如图 4-3-45 所示，单击"读取"按钮时，"新增数据流"的大小将会更新为当前值。

图 4-3-45　读取实时数据流

它的数值大小还会以窗口形式呈现，单击"系统状态"→"传感监控"，我们将会看到电池电压的另一种呈现方式，如图 4-3-46 所示。打开下面的窗口还可看到最近一段时间的数据变化情况。

图 4-3-46　传感监控

▶▶ 能力拓展

1. 应用程序与网关、PLC 之间怎么联系？

2. 应用程序设置参数如何配置？

3. 应用程序如何实现远程控制设备生产及监控？

4. 远程生产一套"金属＋金属"的工件组合，并在订单列表查看到，且从视频监控中查看实际工件生产情况。

▶▶ 任务评价

1. 请对本任务所学 MES 的知识、技能、方法及任务实施情况等进行评价。

2. 请总结、归纳本任务学习的过程，分享、交流学习体会。

3. 填写任务评价表（见表 4-3-7）。

表 4-3-7 任务评价表

班级		学号		姓名	
任务名称	（4-3）任务三 智能生产线管理系统的认知及应用				
评价项目	评价内容	评价标准	配分	自评	组评	师评
知识点学习	MES 的概念	简单描述 MES 的概念	5			
	MES 的作用	举例说出 MES 的作用	5			
	MES 有哪些界面	能正确识别 MES 界面；识别 MES 界面	5			
	物联网网关的概念	能叙述什么是物联网网关	5			
	网关的作用	了解网关在整个技术框架中的地位及作用	5			
	手机 APP、PLC 与网关的联系	能理解手机 APP、PLC 与网关的联系	5			
技能点训练	MES 的参数配置	能进行 MES 的参数配置	10			
	MES 的操作控制	熟悉 MES 的远程控制操作	10			
	网关相关参数的配置	按照操作规范要求，能进行网关相关参数的配置 （1）符合操作规范 （2）功能正确，效果稳定	15			
	检测、维护	根据工作状态及现象，正确使用网关参数配置及 MES 使用排除故障	15			
思政点领会	智能引领中国企业未来	正确叙述中国智能工厂的发展前景	5			
	安全意识	举例叙述安全操作规范的要求	5			
专业素养养成	安全文明操作	规范使用设备及工具	10			
	6S 管理	设备、仪表、工具摆放合理				
	团队协作能力	积极参与，团结协作				
	语言沟通表达能力	表达清晰，正确展示				
	责任心	态度端正，认真完成任务				
合计			100			
教师签名			日期			

▶▶ 总结提升

一、任务总结

1. MES 即制造企业生产过程执行管理系统（Manufacturing Execution System，MES），是一套面向制造企业车间执行层的生产信息化管理系统。

2. 智能平台的 MES 进行操作控制，可以实现远程预选工件材料、远程下单、远程启动生产、远程实时查看订单情况，通过视频监控，可远程监查产品生产情况。

3. 网关（Gateway）又称网间连接器、协议转换器。网关在传输层上以实现网络互连，是最复杂的网络互连设备，仅用于两个高层协议不同的网络互连。网关的结构也和路由器类似，不同的是互连层。网关既可以用于广域网互连，也可以用于局域网互连。

4. 在智能控制工作平台，物联网网关的入网方式有三种：以太网连接网络（有线）、WiFi 连接网络（短距离无线）、3G/4G 连接网络（无线），用户可根据实际情况来选择合理的入网方式。

5. 传感网管理主要是用来管理网关与硬件设备之间的数据交互。传感网管理下，有"无线设置""RS485 设置""节点管理"三个功能项。

6. RS485 设置主要是用于配置网关和 RS485 设备（如 PLC）相关地址 / 参数等的映射关系，让网关和 PLC 进行数据交互。

7. 物联网网关是物联网生态圈中不可或缺的一部分，网关掌控着和本地传感器的沟通，以及远程用户的使用。

二、思考与练习

1. 填空题

（1）制造企业生产过程执行管理系统（Manufacturing Execution System）简称_____，是一套面向制造企业车间执行层的生产信息化管理系统。

（2）MES 为企业打造一个扎实、可靠、可行的制造协同管理平台，极大地提高了企业制造执行能力，是企业_____与_____之间承上启下的"信息枢纽"。

（3）智能平台的 MES 进行操作控制，可以实现远程预选工件材料、_____、远程启动生产、远程_____，通过视频监控，可远程监查产品生产情况。

（4）_____又称网间连接器、协议转换器。它在传输层上以实现网络互联，是最复杂的网络互联设备，仅用于两个高层协议不同的网络互联。

2. 选择题

（1）MES 是（　　　）。

A. 企业经营管理系统　　　　　　　B. 制造企业生产过程执行管理系统

C. 过程控制系统　　　　　　　　　D. 数据统计系统

（2）在智能控制工作平台，网关工作的参数配置中，物联网网关的入网方式有（　　　）。

A. 以太网连接网络（有线）　　　　B. WiFi 连接网络（短距离无线）

C. 3G/4G 连接网络（无线）　　　　D. 温度传感器

（3）智慧工厂是现代工业、制造业的大势所趋，是实现企业转型升级的一条优化路径。以 MES 为核心，智能工厂、数字车间、智能制造等核心应用需求的爆发，将加快中国企业走向走进国际市场，（　　　）引领未来。

A. 经济　　　　　　B. 科技　　　　　　C. 家庭　　　　　　D. 社会

3. 简答题

（1）MES 在企业生产中起到什么作用？

（2）智能平台的 MES 进行操作控制，可以实现远程控制有哪些？请举例说明。

（3）简述物联网网关的作用。

（4）手机 APP、PLC 与网关之间是怎么联系的？

（5）在智能控制工作平台，网关工作的参数配置中，简述遇到的问题及解决办法。

任务四 工业互联网的认知及应用

▶ 知识目标

1. 了解工业互联网的背景。

2. 了解工业互联网的发展阶段。

3. 理解工业互联网架构。

4. 了解国内工业互联网主流平台。

▶ 能力目标

1. 能正确说出工业互联网的定义。

2. 能正确叙述工业互联网的架构。

3. 能列举工业互联网领域发展中的核心技术。

4. 能根据任务要求和指引，完成机智云平台的接入流程任务操作。

5. 能根据任务要求和指引，完成机智云的连接服务操作。

▶ 素养目标

1. 培养学生认真细致、规范严谨的职业精神。

2. 培养学生网络安全意识，安全规范操作的职业准则。

3. 培养学生团结协作的职业素养。

▶ 规范标准（国家标准、行业标准、JIS工艺标准等）

1. GB/T 39466.1—2020《ERP、MES 与控制系统之间软件互联互通接口 第 1 部分：通用要求》

2. GB/T 38624.1 ～ 3—2020 ～ 2024《物联网 网关》

3. JIS B3601—2004《工业自动化系统—制造信息规范—协议规范》

≫ 学习情境

"灯塔工厂"代表着全球智能制造的最高水平，是"数字化制造"和"全球化 4.0"的榜样示范，而支撑灯塔工厂的幕后是工业互联网等新一代信息技术的应用。随着第四次工业革命的推进，灯塔工厂推动制造业向更高水平迈进（见图 4-4-1）。截至目前，我国是世界上拥有

"灯塔工厂"最多的国家，例如美的冰箱荆州工厂、广汽埃安广州工厂等在智能制造和数字化转型方面都取得显著成果。

图 4-4-1　5G 智能制造

▶▶ 素养提升

工业互联网时代　中国智造的现在将来时

当前数字化浪潮席卷全球，新一轮科技革命和产业变革不断推进。我国抢抓工业互联网创新发展新机遇，在网络体系、平台体系、安全服务体系、融合应用等方面取得显著成效。工业互联网时代代表着中国智造的现在将来时（见图 4-4-2）。

图 4-4-2　工业互联网时代

2018 年，"发展工业互联网平台"首次写入政府工作报告，其后每年的政府工作报告中对工业互联网均有所提及。2019 年明确提出"打造工业互联网平台，拓展'智能＋'，为制造业转型升级赋能"；2020 年提到发展工业互联网，推进智能制造；2021 年提出发展工业互联网，搭建更多共性技术研发平台，提升中小微企业创新能力和专业化水平；2022 年提出加快发展工业互联网，培育壮大集成电路、人工智能等数字产业，提升关键软硬件技术创新和供给能力；2023 年指出支持工业互联网发展，有力促进了制造业数字化智能化；2024 年提出实施制造业数字化转型行动，加快工业互联网规模化应用。

≫ 获取信息

子任务一　工业互联网认知

※ 任务描述

通过查阅工业互联网认知资料，了解工业互联网的背景及发展规划。掌握工业互联网的定义，了解国内工业互联网主流平台，能对工业互联网架构有基本的认知。

※ 任务目标

1. 了解工业互联网的背景及发展阶段。
2. 掌握工业互联网的定义。
3. 能正确叙述工业互联网的架构。
4. 了解国内工业互联网主流平台。
5. 能列举工业互联网领域发展中的关键技术。

※ 知识点

本任务知识点列表见表 4-4-1。

表 4-4-1　本任务知识点列表

序号	知识点	具体内容	知识点索引
1	工业互联网概述	一、工业互联网的背景 二、工业互联网的定义 三、工业互联网发展的四个阶段 1. 智能的感知控制阶段 2. 全面的互联互通阶段 3. 深度的数据应用阶段 4. 创新的服务模式阶段 四、工业互联网领域发展的核心技术 1. 5G 通信技术 2. 边缘计算技术 3. TSN（时间敏感网络）技术 4. 工业智能技术 5. 数字孪生技术 6. 区块链技术 7. VR/AR 技术	新知识
2	工业互联网架构及主流平台	一、工业互联网体系架构 二、国内工业互联网主流平台 1. 航天云网 INDICS 工业互联网平台 2. 海尔 COSMOPlat 工业互联网平台 3. 三一树根工业互联网平台 4. 中国电信 CPS 平台 5. 华为 OceanConnect IoT 平台 6. 阿里云平台	新知识

知识活页一　工业互联网概述

◆ **问题引导**

1. 工业互联网是什么？
2. 我国工业互联网的发展阶段有哪些？
3. 工业互联网领域发展中的核心技术有哪些？

◆ **知识学习**

一、工业互联网的背景

我国的传统制造业经过了几百年的历史，体系非常成熟，但传统制造面临了一系列问题：如缺乏高水平管理，生产效率提升有限，设计与生产管理间缺乏高效协同，工业数据难以实时、精确地控制设备运行，数据挖掘有限，综合预见性不足。在传统制造业遇到种种困境的同时，工业互联网的到来恰逢其时，解决了传统工业制造数字化和智能化面临的上述问题。

在制造业转型升级和数字化趋势日渐明确的背景下，工业互联网的浪潮正在激烈翻涌。伴随着制造业转型与数字经济浪潮的交叉相融，物联网、云计算、大数据等信息技术与制造技术不断发展与创新。从技术角度来说，以互联网为代表的新一代信息技术与制造系统的深度交汇融合必然会催生工业互联网。工业互联网集成应用了物联网、人工智能、云计算、大数据、移动通信、区块链等新一代信息技术，催生了新技术、新模式、新应用，显示了工业互联网蓬勃的生命力。在可预见的将来，所有的智能设备与智能物体都将会被接入互联网，形成一个物体与物体、物体与人、人与人之间全面互联的社会（见图4-4-3）。

图4-4-3　工业互联网助力中国制造转型升级

二、工业互联网的定义

工业互联网是互联网和新一代信息技术，如云计算、大数据等与工业制造系统全方位深度交汇相融所形成的产业和应用生态，是工业智能化发展的基础。工业互联网内涵如图4-4-4所示。

1）工业互联网是网络，实现机器、物品、控制系统、信息系统、人之间的泛在连接。

2）工业互联网是平台，通过工业云和工业大数据实现海量工业数据的集成、处理与分析。

3）工业互联网是新模式新业态，实现智能化生产、网络化协同、个性化定制和服务化延伸。

工业互联网的本质和核心是通过工业互联网平台把设备、生产线、工厂、供应商、产品和客户紧密地连接融合起来，可以帮助制造业拉长产业链，形成跨设备、跨系统、跨厂区、跨地区的互联互通，从而提高效率，推动整个制造服务体系的智能化。

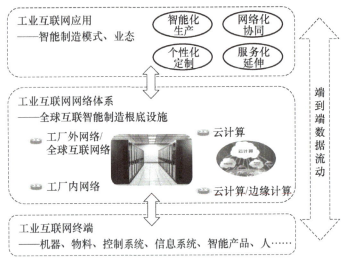

图 4-4-4　工业互联网内涵

三、工业互联网发展的四个阶段

1. 智能的感知控制阶段

利用基于末端的智能感知技术，如传感器、RFID、无线传感网络等，随时、随地进行工业数据的采集和设备控制的智能化。

2. 全面的互联互通阶段

通过多种通信网络互联互通手段，如工业网关、短距离无线通信等，将采集到的数据实时、准确地传递出去。

3. 深度的数据应用阶段

利用云计算、大数据等相关技术，对数据进行开发应用，从数据仓库中提取找出有价值的信息，有效提高系统的决策支持能力。

4. 创新的服务模式阶段

利用信息管理、智能终端和平台集成等技术，提供运维服务、升级服务等方面，实现传统工业智能化改造，从而激发产业创新。

四、工业互联网领域发展的核心技术

我国工业互联网已驶入发展快车道，以下介绍在工业互联网领域发展中起到重要作用的核心技术。

1. 5G 通信技术

5G 技术作为移动通信技术的典型代表，具有大带宽、低延时、高可靠的特性。5G 技术帮助工业企业加快工厂生产内网的网络化改造。5G 与工业互联网的融合发展，已初步形成5G+超高清视频、5G+增强现实（AR）、5G+虚拟现实（VR）、5G+无人机、5G+云端机器人、5G+远程控制、5G+机器视觉以及5G+云化自动导引车（AGV）等8大典型应用场景，如图 4-4-5 所示。

2. 边缘计算技术

边缘计算具有低延迟、高实时性等优势，可满足工业在敏捷连接、实时业务、数据聚合、应用智能等方面的关键要求。目前，边缘计算技术已应用于工业现场数据采集与处理、智慧物流运输管理、智慧安监等典型场景。

3. TSN（时间敏感网络）技术

TSN 技术用以太网物理接口实现工业有线连接，提高了工业设备的连接性和通用性，具有良好的互联互通能力，提升了互操作性，为传统运营技术（OT）与互联网技术（IT）网络融合提供了技术支撑。时间敏感交换机如图 4-4-6 所示。

图 4-4-5　5G 通信技术

图 4-4-6　时间敏感交换机

4. 工业智能技术

工业智能（工业人工智能）技术是人工智能技术与工业融合发展形成的，实现了模仿甚至超越人类感知、分析、决策等能力的技术、方法、产品及应用系统，已在工业系统各环节广泛应用，应用场景已达到数十种，如图 4-4-7 所示。

5. 数字孪生技术

数字孪生技术是指通过数字空间实时构建资产、行为、过程等精准数字化实现工业全业务流程的优化。数字孪生技术以数据与模型的集成融合为核心，是由制造技术、信息技术及融合性技术交织形成的新产物、新模式，覆盖生产的全过程（见图 4-4-8）。

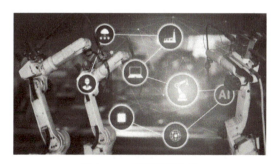

图 4-4-7　工业智能技术

图 4-4-8　数字孪生技术助力汽车制造产业链

6. 区块链技术

区块链是由多种技术集成创新而成的分布式网络数据管理技术，区块链技术在工业互联网中加速了工业企业内部的生产流程管理和设备安全互联。区块链技术在能源互联网中的应用如图 4-4-9 所示。

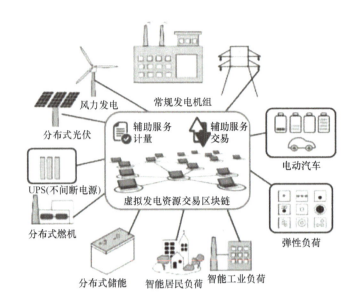

图 4-4-9　区块链技术在能源互联网中的应用

7. VR/AR 技术

VR 技术是指以计算机、电子、信息和仿真技术为核心，利用各种现代科技手段来生成包括视觉、听觉、触觉、嗅觉和味觉在内的一体化的虚拟环境。AR 技术是将真实世界和虚拟世界的信息综合在一起，为用户提供特定感官体验的人机接口技术。VR/AR 技术在工业领域中有诸多应用场景，如图 4-4-10 所示。工程师和设计师可以使用 VR/AR 技术，以新的动态方式协作、审查 3D 模型和数字原型。

图 4-4-10　VR/AR 技术

知识活页二　工业互联网架构及主流平台

◆ 问题引导

1. 说一说工业互联网的架构。
2. 什么是工业互联网平台？
3. 国内工业互联网主流平台有哪些？

◆ 知识学习

一、工业互联网体系架构

工业和信息化部、国家标准化管理委员会组织制定的《工业互联网综合标准化体系建设指南》明确了工业互联网的体系架构，如图 4-4-11 所示。工业互联网通过系统构建网络、平台、安全三大功能体系，打造人、机、物全面互联的新型网络基础设施，形成智能化发展的新兴业态和应用模式。

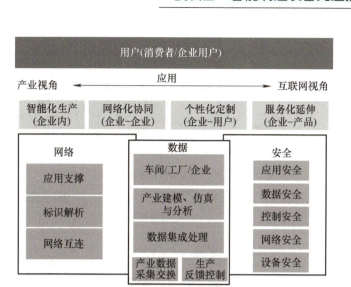

图 4-4-11　工业互联网的体系架构

作为工业互联网的基础，网络体系包括网络连接、标识解析、边缘计算等关键技术。平台体系是工业互联网的核心部分，针对制造产业数字化、网络化、智能化的需求，平台技术作为工业互联网的核心，它的技术着重点在工业 APP 技术。安全体系是工业互联网的重要基石，工业互联网的安全主要涵盖设备、控制系统、网络、数据、平台、应用等方面的防护技术和管理手段。

二、国内工业互联网主流平台

工业互联网平台成为推动制造业与互联网融合发展的重要抓手，国内企业工业互联网平台处于规模化的发展。

1. 航天云网 INDICS 工业互联网平台

2017 年 6 月 15 日，航天科工发布了工业互联网云平台——INDICS（见图 4-4-12），此平台是提供智能制造、协同制造、云制造公共服务的云平台。

图 4-4-12　航天云网 INDICS 工业互联网平台

2. 海尔 COSMOPlat 工业互联网平台

COSMOPlat 是具有中国自主知识产权、全球首家引入用户全流程参与体验的工业互联网平台，为企业提供互联工厂建设、大规模定制、大数据增值、供应链金融、协同制造等服务。COSMOPlat 工业互联网平台结构图如图 4-4-13 所示。

3. 三一树根工业互联网平台

树根互联成立于 2016 年，源于三一集团 2008 年孵化的物联网项目，主要为机器的制造商、金融机构、业主、使用者、售后服务商、政府监管部门提供应用服务，同时对接各类行业软件、硬件、通信商开展深度合作，形成生态效应。

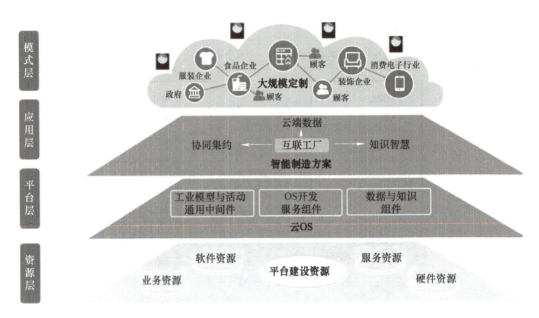

图 4-4-13　海尔 COSMOPlat 工业互联网平台结构图

4.中国电信 CPS 平台

中国电信 CPS 平台以生产线数据采集与设备接口层为基础，以建模、存储、仿真的大数据云计算为引擎，实现各层级、各环节数据互联互通，打通从生产到企业运营的全流程。

5.华为 OceanConnect IoT 平台

华为 OceanConnect IoT 平台主要服务行业包括公共事业、车联网、油气能源、生产与设备管理、智慧家庭等领域，平台结构图如图 4-4-14 所示。

图 4-4-14　华为 OceanConnect IoT 平台结构图

6.阿里云平台

阿里云平台是在阿里云物联网平台的基础上，全面整合阿里云在制造企业数字化转型方面已有的信息化改造能力，以及阿里生态在电商销售平台、供应链平台、金融服务平台、物流服务平台等多方面的能力，为制造业数字转型的企业、服务商、行业运营商以及区域运营商提供的工业互联网领域全面的支撑平台，如图 4-4-15 所示。

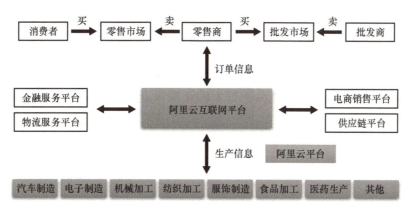

图 4-4-15　阿里云平台

▶▶ 任务实施

子任务二 工业互联网平台的简单应用

※ 任务描述

　　本任务通过对机智云设备及工具的介绍，来了解机智云平台及架构，体验机智云平台的接入流程及机智云的连接服务。掌握云平台的接入流程，理解云平台运作原理，通过虚拟设备和机智云测试 APP 快速了解和体验机智云的连接服务，能按照规范进行平台开发实验的操作。

※ 任务目标

　　1. 认识机智云平台开发的设备及工具。
　　2. 了解机智云平台及平台架构。
　　3. 掌握机智云的接入流程。
　　4. 体验在平台仿真机智云的连接服务。

※ 设备及工具

　　设备及工具见表 4-4-2。

表 4-4-2　设备及工具

序号	设备及工具	数量
1	机智云 AOT Gokit	1 台
2	机智云 Gokit 套件	1 套
3	万用表	1 个
4	内六角螺丝刀、一字螺丝刀、十字螺丝刀、斜口钳等	1 套
5	导线、排线等	1 套

实训活页一　机智云平台认知

一、开发设备及工具介绍

GoKit 是机智云（GizWits）推出的物联网智能硬件开发套件之一，目的是帮助传统硬件快速接入互联网。完成入网之后，数据可以在产品与云端、制造商与用户之间互联互通，实现智能互联。机智云 Gokit 实物及套件如图 4-4-16 和图 4-4-17 所示。

图 4-4-16　机智云 Gokit 实物

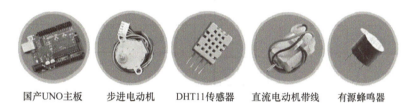

国产UNO主板　　步进电动机　　DHT11传感器　　直流电动机带线　　有源蜂鸣器

图 4-4-17　机智云 Gokit 套件

二、机智云平台概述

1. 机智云简介

机智云平台是机智云物联网公司推出的面向个人、企业开发者的一站式智能硬件开发及云服务平台。平台提供了从定义产品、设备端开发调试、应用开发、产测、云端开发、运营管理、数据服务等覆盖智能硬件接入到运营管理全生命周期服务的能力。

2. 机智云名词解释

（1）GAgent

GAgent 是机智云运行在 WiFi 模组的应用程序，设备通过 GAgent 接入机智云服务器，主要作用是使得 WiFi 模块主动连接机智云服务器，并实现与云端的 TCP/UDP 通信，开发者也可以通过获取 GAgent 二次开发包实现自定义的模块接入机智云，如图 4-4-18 所示。因此，在开发者产品的控制电路板上集成 WiFi 模块，只需要实现与 WiFi 模组的串口通信，即可直接接入机智云服务器，如图 4-4-19 所示。

（2）MCU 代码自动生成器

机智云推出了代码自动生成服务，云端会根据产品定义的数据点生成对应产品的设备端代码。自动生成的代码实现了机智云通信协议的解析与封包、传感器数据与通信数据的转换逻辑，并封装成了简单的应用程序接口（API），且提供了多种平台的实例代码。当设备收到云端或 APP 端的数据后，程序会将数据转换成对应的事件并通知到应用层，开发者只需要在对应的事件处理逻辑中添加传感器的控制函数，就可以完成产品的开发。

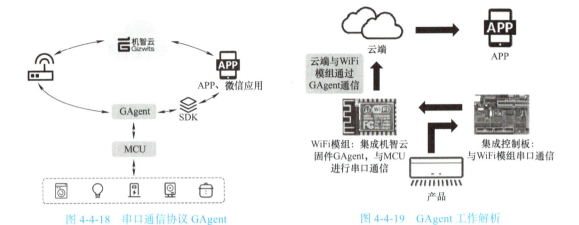

图 4-4-18　串口通信协议 GAgent　　　　图 4-4-19　GAgent 工作解析

三、机智云接入流程

机智云接入流程包括注册开发者、创建产品、设备开发与应用开发、产品调试、申请发布、正式量产等步骤，如图 4-4-20 所示。

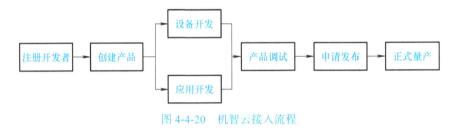

图 4-4-20　机智云接入流程

1. 注册开发者

打开机智云首页，进入开发者中心，单击"注册"按钮，进入注册界面（见图 4-4-21）。注册后，在注册登记邮箱中收到激活机智云账号的邮件，单击链接后进行信息完善（见图 4-4-22）。

图 4-4-21　注册界面

图 4-4-22　完善信息界面

2. 创建产品

1) 如图 4-4-23 所示，在开发者中心单击"创建"按钮。

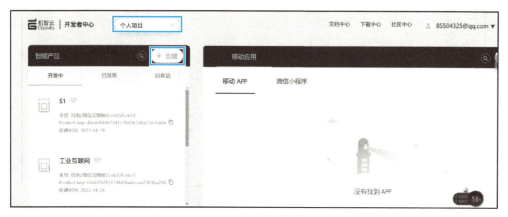

图 4-4-23　创建产品界面

2) 选择产品类型（见图 4-4-24）、输入产品名称与选择设备接入方案（见图 4-4-25）。

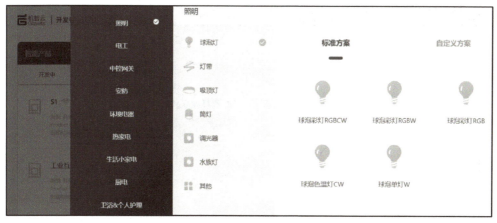

图 4-4-24　选择产品类型界面

图 4-4-25　输入产品名称与选择设备接入方案界面

3) 生成数据点。单击产品信息界面，可以看到所生成的数据点界面（见图 4-4-26），包括名称、标识名、读写类型、数据类型和数据点属性等信息。

图 4-4-26 生成的数据点界面

4）自动生成 MCU 协议代码。如图 4-4-27 所示，单击产品页面"MCU 开发"，在硬件平台找到对应的 MCU（没有可选其他平台），即可根据定义的数据点自动生成协议代码。

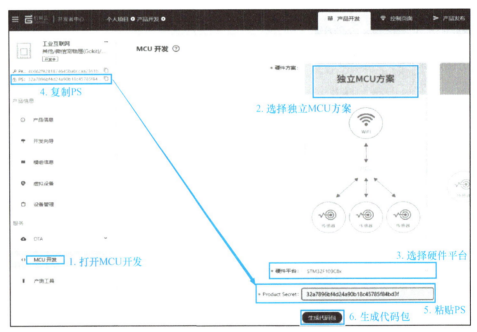

图 4-4-27 "产品开发"页面"MCU 开发"界面

3. 设备开发与应用开发

（1）设备端接入

在正在开发的智能硬件上嵌入写好机智云连接协议 GAgent 的联网模块，即可通过机智云平台实现设备联网及智能化，如图 4-4-28 所示，联网模块包括 WiFi、GPRS 等主流联网方式，同时还支持 BLE、GSM、CDMA、ZigBee、LoRa 等联网方案接入。

（2）应用端接入

在正在开发的手机 APP 内集成机智云提供的 APPSDK，就可以连接机智云平台实现 APP 通过云端控制智能设备。

图 4-4-28 设备端接入

4. 调试产品

调试产品过程中，开发调试的设备将连接机智云 Sandbox 服务器（测试服务器），该服务器提供了完整的测试环境，以及机智云部分开放功能。

5. 申请发布

当设备完成全部开发后需要进行产品发布，发布的产品将部署在机智云正式生产环境服务器上，并为设备免费分配独立的云端运行环境。同时，产品正式发布后，将享受更多机智云提供的免费增值服务，包括智能设备统计分析、开放平台展示以及各种技术支持服务。

6. 正式量产

产品发布后，厂家与机智云签署 GDCS（机智云智能设备接入平台）协议即可正式量产产品接入机智云，量产的产品会有机智云技术人员 24h 监控，确保产品稳定运行。

实训活页二 体验机智云的连接服务

虚拟设备是机智云云端可自动生成的一个仿真智能硬件，可模拟要开发或正在开发的智能硬件，进行云端设备控制、手机 APP 控制、上报数据等需求。机智云 APP 虚拟设备界面如图 4-4-29 所示。

图 4-4-29 机智云 APP 虚拟设备界面

一、安装机智云产品调试 APP

如图 4-4-30 所示，单击"下载中心"界面的机智云产品调试 APP，根据手机型号选择不同的版本下载并完成安装。

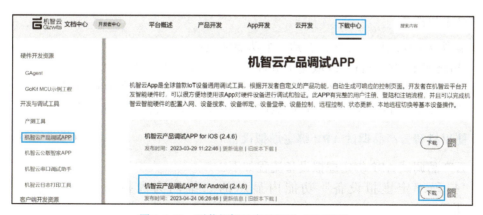

图 4-4-30 下载机智云产品调试 APP 界面

二、启动虚拟设备

1. 选择产品

进入开发者中心，在左上角选择对应的企业/组织，本任务选择"个人项目"，如图 4-4-31 所示，然后选择对应的产品。

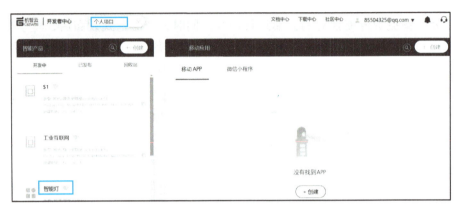

图 4-4-31　启动虚拟设备界面

2. 选择一个虚拟设备

选择开发中的产品来模拟真实开发流程，可以选择任一款"开发中"的产品进行实操。选择已创建的"智能灯"，单击"虚拟设备"进入"虚拟设备"界面，如图 4-4-32 所示。

图 4-4-32　选择虚拟设备界面

3. 启动虚拟设备

进入虚拟设备在线调试界面，看到三个功能区域：

1）"扫码绑定虚拟设备"区域用于机智云产品调试 APP 绑定虚拟设备。

2）"模拟设备上报状态"区域用于通过开发者中心的虚拟设备上报数据。

3）"通信日志"区域用于显示接收 APP 发送的数据和虚拟设备上报数据。

三、使用机智云产品调试 APP 绑定虚拟设备

机智云产品调试 APP 绑定虚拟设备流程如下：

1）"扫码绑定虚拟设备"功能内显示的二维码为虚拟设备的绑定二维码，如图 4-4-33 所示。

图 4-4-33　扫描绑定虚拟设备二维码界面

2）按图 4-4-34 操作，手机登录机智云产品调试 APP 并绑定设备。成功绑定已选择的虚拟设备后，"我的设备"中的"已绑定设备"将显示智能灯。

a) APP账号登录　　　b) 扫码绑定设备　　　c) 绑定成功显示设备

图 4-4-34　手机登录机智云产品调试 APP 并绑定设备界面

3）机智云产品调试 APP 控制虚拟设备。以"开关"为例，进入机智云产品调试 APP 调试界面，开启智能灯"开关"键，如图 4-4-35 所示。

图 4-4-35　智能灯界面

此时，可以看到云端设备紫色灯被开启，实现手机APP云平台控制的功能，如图4-4-36所示。

图 4-4-36　上报界面

四、虚拟设备上报数据到机智云产品调试 APP

在云端虚拟设备后台选择调节颜色值，并单击"上报"按钮，虚拟设备将上报数据到机智云产品调试APP，可以看到机智云产品调试APP界面中的颜色值对应改变（见图4-4-37），同时云端虚拟设备后台的"通信日志"上会显示"设备上报数据"，并自动打印通信日志。机智云产品调试APP接收到虚拟设备推送的数据后自动更新用户界面（UI）。其他功能均可按照上述步骤操作。

图 4-4-37　手机 APP 更新界面

 任务评价

1. 请对本任务所学工业互联网系统的知识、技能、方法及任务实施情况等进行评价。
2. 请总结、归纳本任务学习的过程，分享、交流学习体会。
3. 填写任务评价表（见表 4-4-3）。

表 4-4-3 任务评价表

班级		学号		姓名			
任务名称	（4-4）任务四 工业互联网的认知及应用						
评价项目	评价内容	评价标准		配分	自评	组评	师评
知识点学习	工业互联网的发展背景及发展阶段	简单描述工业互联网的背景及发展阶段		10			
	工业互联网的定义	说出工业互联网的概念		10			
	工业互联网领域发展中的核心技术	列举工业互联网领域发展中的核心技术		10			
	工业互联网的架构	简单叙述工业互联网的架构		10			
	国内工业互联网主流平台	列举国内工业互联网主流平台		10			
技能点训练	机智云接入流程	按照操作规范要求，完成机智云的接入流程 （1）符合操作规范 （2）功能正确，效果稳定		15			
	体验机智云的连接服务	按照操作规范要求，完成体验机智云的连接服务		15			
思政点领会	工业互联网时代，中国智造的现在将来时	叙述工业互联网时代是中国制造的现在将来时		10			
专业素养养成	安全文明操作	规范使用设备及工具		10			
	6S 管理	设备、仪表、工具摆放合理					
	团队协作能力	积极参与，团结协作					
	语言沟通表达能力	表达清晰，正确展示					
	责任心	态度端正，认真完成任务					
合计				100			
教师签名				日期			

 总结提升

一、任务总结

1. 自 2018 年以来，"工业互联网"连续 7 年被写入政府工作报告。2022 年政府工作报

告中提出加快发展工业互联网，培育壮大集成电路、人工智能等数字产业，提升关键软硬件技术创新和供给能力；2023 年指出支持工业互联网发展，有力促进了制造业数字化智能化；2024 年提出实施制造业数字化转型行动，加快工业互联网规模化应用。

2. 工业互联网是互联网和新一代信息技术如云计算、大数据等与工业制造系统全方位深度交汇相融所形成的产业和应用生态，是工业智能化发展的基础。

1）工业互联网是网络，实现机器、物品、控制系统、信息系统、人之间的泛在连接。

2）工业互联网是平台，通过工业云和工业大数据实现海量工业数据的集成、处理与分析。

3）工业互联网是新模式新业态，实现智能化生产、网络化协同、个性化定制和效劳化延伸。

3. 工业互联网的本质和核心是通过工业互联网平台把设备、生产线、工厂、供应商、产品和客户紧密地连接融合起来。

4. 工业互联网领域发展的核心技术：5G 通信技术、边缘计算技术、TSN（时间敏感网络）技术、工业智能技术、数字孪生技术、区块链技术、VR（虚拟现实）/ AR（增强现实）技术。

5. 工业互联网通过系统构建网络、平台、安全三大功能体系，打造人、机、物全面互联的新型网络基础设施，形成智能化发展的新兴业态和应用模式。

网络体系作为工业互联网的基础，网络体系包括网络连接、标识解析、边缘计算等关键技术。平台体系是工业互联网的核心部分，针对制造产业数字化、网络化、智能化的需求，构建基于海量数据采集、汇聚、分析的服务体系，支撑制造资源泛在连接、弹性供给、高效配置的载体，平台技术作为工业互联网的核心，它的技术着重点落在了承载在平台之上的工业 APP 技术。安全体系是工业互联网的重要基石，工业互联网的安全主要涵盖设备、控制系统、网络、数据、平台、应用等方面的防护技术和管理手段。

6. 国内工业互联网的主流平台有：航天云网 INDICS 工业互联网平台、海尔 COSMOPlat 工业互联网平台、三一树根工业互联网平台、中国电信 CPS 平台、华为 OceanConnect IoT 平台、阿里云平台等。

7. 机智云接入的流程包括注册开发者、创建产品、设备开发与应用开发、产品调试、申请发布、正式量产等步骤。

二、思考与练习

1. 填空题

（1）工业互联网的本质和核心是通过_____把设备、生产线、工厂、供应商、产品和客户紧密地连接融合起来。

（2）工业互联网是_____，实现机器、物品、控制系统、信息系统、人之间的泛在联接。工业互联网是_____，通过工业云和工业大数据实现海量工业数据的集成、处理与分析。工业互联网是_____，实现智能化生产、网络化协同、个性化定制和效劳化延伸。

（3）工业互联网通过系统构建网络、平台、安全三大功能体系，打造人、机、物全面互联的新型网络基础设施，形成智能化发展的新兴业态和应用模式。_____作为工业互联网的基础；_____是工业互联网的核心部分；_____是工业互联网的重要基石。

2. 选择题

（1）工业互联网是（　　）。

A. 工业智能化发展的基础　　　　B. 网络

C. 平台　　　　　　　　　　　　D. 新模式新业态

（2）（　　）是工业互联网的重要基石，工业互联网的安全主要涵盖设备、控制系统、网络、数据、平台、应用等方面的防护技术和管理手段。

A. 网络体系　　　B. 平台体系　　　C. 平台技术　　　D. 安全体系

3. 简答题

（1）工业互联网是什么？

（2）国内工业互联网平台有哪些？请举例说明。

（3）工业互联网领域发展的核心技术有哪些？请列举说明。

（4）体验机智云平台，简述机智云接入流程。

参考文献

[1] 郭天太.传感器技术 [M].北京：机械工业出版社，2019.

[2] 李晓莹.传感器与测试技术 [M].2 版.北京：高等教育出版社，2019.

[3] 孟庆龙.机电一体化设备组装与调试 [M].北京：科学出版社，2020.

[4] 廖常初.PLC 编程及应用 [M].5 版.北京：机械工业出版社，2020.

[5] 吕景泉.自动化生产线安装与调试 [M].3 版.北京：中国铁道出版社，2017.

[6] 徐文，等.KUKA 工业机器人编程与实操技巧 [M].北京：机械工业出版社，2017.

[7] 左立浩，徐忠想，康亚鹏.工业机器人虚拟仿真应用教程 [M].北京：机械工业出版社，2018.

[8] 李慧，马正先，马辰硕.工业机器人集成系统与模块化 [M].北京：化学工业出版社，2018.

[9] 刘秀平，景军锋，张凯兵.工业机器视觉技术及应用 [M].西安：西安电子科技大学出版社，2019.

[10] 蒋正炎，许妍妩，莫剑中.工业机器人视觉技术及行业应用 [M].北京：高等教育出版社，2018.

[11] 王佳斌，郑力新.物联网技术及应用 [M].北京：清华大学出版社，2019.